高等学校计算机专业教材精选·算法与程序设计

Python
程序设计实验指导

刘 岩 纪 冲 主编
郭玉波 包乐尔 李 佳 玉 霞 参编

清华大学出版社
北 京

内容简介

本书是清华大学出版社出版的《Python 程序设计》(ISBN 978-7-302-58799-6)的配套实验指导书。本书对《Python 程序设计》中每章的重点、难点进行了总结,指出了学习的具体要求,又针对重点、难点内容列举了一系列程序。通过本书的学习,读者可以更好地掌握 Python 程序设计的各个知识点。在加强读者动手能力的同时,本书还可以帮助教师读者很好地进行课堂的把控和课程进度的推进。本书针对主教材编写了同步练习和课后习题,同时为配套在线教学精心设计了学习目标、单元导学、知识回顾、学前准备、课中学习、课后习题等一系列栏目,方便教师读者迅速完成线上教学网站的搭建,给教师带来了极大的便利。

本书不仅是主教材的补充,更是教师读者的优秀助力,是选择主教材的所有读者的必备参考书。

图书在版编目(CIP)数据

Python 程序设计实验指导/刘岩,纪冲主编. —北京:清华大学出版社,2021.11 (2022.8 重印)
(高等学校计算机专业教材精选·算法与程序设计)
ISBN 978-7-302-58800-9

Ⅰ.①P… Ⅱ.①刘… ②纪… Ⅲ.①软件工具—程序设计—高等学校—教材 Ⅳ.①TP311.561

中国版本图书馆 CIP 数据核字(2021)第 157505 号

责任编辑:张 玥 常建丽
封面设计:常雪影
责任校对:郝美丽
责任印制:曹婉颖

出版发行:清华大学出版社
网　　址:http://www.tup.com.cn,http://www.wqbook.com
地　　址:北京清华大学学研大厦 A 座　　**邮　　编**:100084
社 总 机:010-83470000　　**邮　　购**:010-62786544
投稿与读者服务:010-62776969,c-service@tup.tsinghua.edu.cn
质量反馈:010-62772015,zhiliang@tup.tsinghua.edu.cn
课件下载:http://www.tup.com.cn,010-83470236
印 装 者:小森印刷霸州有限公司
经　　销:全国新华书店
开　　本:185mm×260mm　　**印　　张**:10.75　　**字　　数**:262 千字
版　　次:2021 年 12 月第 1 版　　**印　　次**:2022 年 8 月第 2 次印刷
定　　价:35.00 元

产品编号:094254-01

前　言

“Python 程序设计”是一门对实际动手能力要求很高的课程，读者不仅要掌握程序设计的理论知识，还要通过大量的上机实践加强对理论知识的掌握，并且融会贯通到实际应用，最终达到解决相关专业领域实际问题的目标。

本书是《Python 程序设计》的学习辅导和实验指导配套用书，内容以实验操作为主，帮助读者加深对课程内容的理解。全书与主教材内容保持同步，共分 9 章，具体内容包括学习目标、单元导学、知识回顾、学前准备、实验、习题六部分。其中前四部分从读者的角度出发，描述学习该章需要达成的目标，简明扼要地阐述该章的主要概念和知识点，对重点、难点和常错、易错部分给予提示和说明，回顾和练习前一章的重点内容，并对实践练习前应具备的理论知识做出提示。

本书由刘岩、纪冲担任主编，郭玉波、包乐尔、李佳、玉霞参与编写。其中，玉霞编写了第 1、2 章，李佳编写了第 3、4 章，纪冲编写了第 5 章，刘岩编写了第 7 章，包乐尔编写了第 6、8 章，郭玉波编写了第 9 章。在组织和编写本书的过程中，编者得到同行以及清华大学出版社相关人员的热情鼓励和大力支持。在此谨向他们及关心和支持本书编写工作的各方人士表示衷心的感谢！

由于编者水平有限，书中难免有不妥之处，恳请专家和广大读者批评指正。

编　者

2021 年 7 月

目　录

第 1 章　Python 起步

【学习目标】

通过本章的学习，应达到如下学习目标：

1. 掌握 Python 解释器的下载和安装方法，掌握配置 Python 环境变量的方法。

2. 掌握使用 Python IDLE 创建、运行、调试 Python 程序的方法。

3. 了解使用 pip 命令在线安装 Python 扩展库的方法，了解通过 WHL 文件离线安装 Python 扩展库的方法。

【单元导学】

第 1 章思维导图如图 1-1 所示。

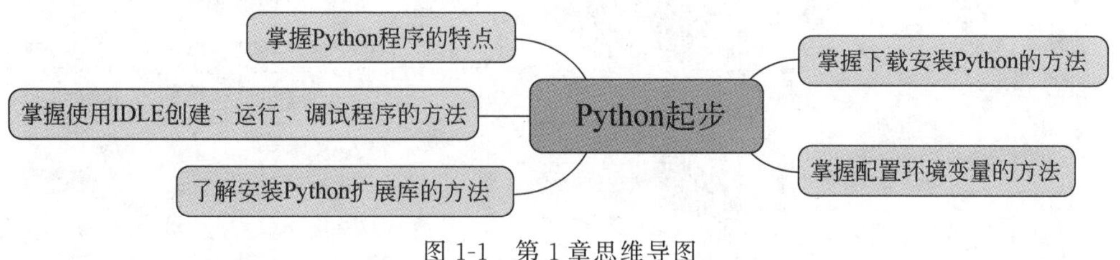

图 1-1　第 1 章思维导图

本章重点与难点主要包括以下内容。

重点：系统环境变量的设置，编写第一个程序，调试程序，标准库与扩展库的导入。

难点：编写第一个程序，学习程序的创建、保存、运行和调试。

【学前准备】

为了更好地完成本章的学习，请完成本章的以下学前内容：

1. 了解 Python 是什么、能做什么，以及为什么学 Python。

2. 了解 Python 语言的应用领域。

实验 1-1　安装 Python 解释器

【实验目的】

1. 熟练掌握下载和安装指定版本的 Python 解释器。

2. 熟练掌握下载和安装最新版本的 Python 解释器。

3. 掌握在 Windows 操作系统下 Python 解释器的环境变量配置方法。

【实验内容】

1. 下载和安装 Python 3.8.6 解释器。

2. 下载和安装最新版本的 Python 解释器。

3. 配置 Python 解释器的环境变量。

【实验步骤】

1. 下载和安装 Python 3.8.6 解释器。

实验步骤如下。

(1) 在浏览器中访问 Python 官方网站主页(www.python.org)。

(2) 单击 Python 主页的 Downloads 菜单,进入页面之后单击 Python for Windows 链接,如图 1-2 所示。

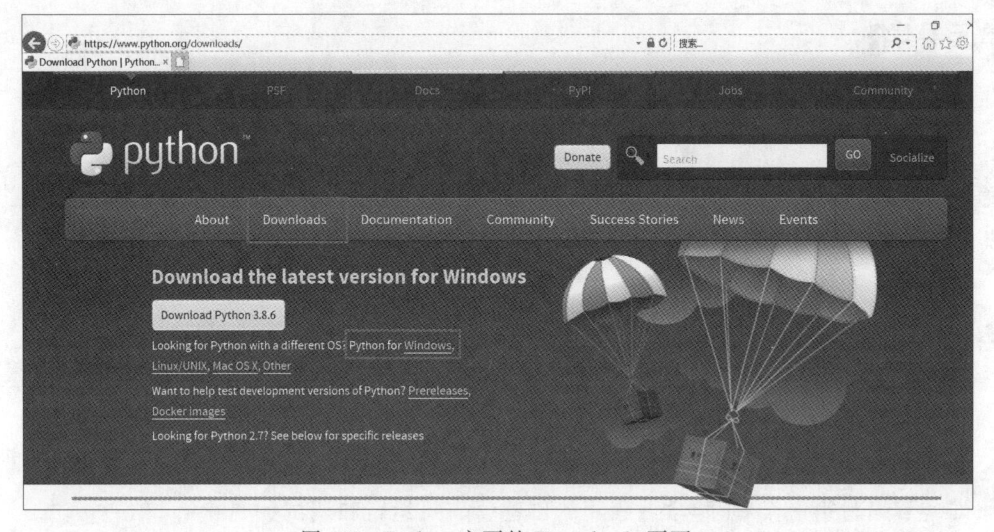

图 1-2　Python 主页的 Downloads 页面

(3) 进入 Python for Windows 页面,选择 Python 3.8.6 版本并下载。

其中,Windows x86-64: Windows 64 位操作系统版本。

Windows x86: Windows 32 位操作系统版本。

embeddable zip file: 解压安装。下载的是一个压缩文件。

executable installer: 程序安装。下载的是一个.exe 可执行程序。

web-based installer: 在线安装。下载的是一个.exe 可执行程序。

(4) 双击运行下载的文件,进入 Python 3.8.6 解释器的安装界面,如图 1-3 所示。

图 1-3 为用户提供了 Install Now 和 Customize installation 两种安装方式。

第一种是 Install Now(默认)安装方式,单击即可默认安装,无须干预,且一般默认安装在 C 盘。

第二种是 Customize installation(自定义)安装方式,用户可以自己选择安装路径,灵活选择启用或禁用 Python 的某些功能。具体安装步骤如下。

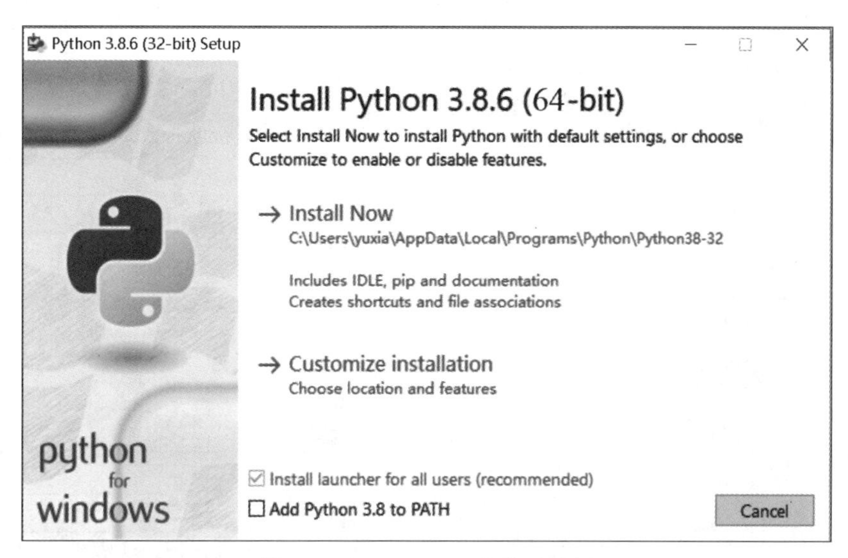

图 1-3　Python 3.8.6 安装对话框

① 勾选 Add Python 3.8 to PATH 复选框，再单击 Customize installation，如图 1-4 所示。

勾选 Add Python 3.8 to PATH 是为了将 Python 3.8 添加到系统的环境变量 PATH 中，从而在系统的命令提示符窗口中不需要为其指定路径，在任意目录下均可执行 Python 相关命令。

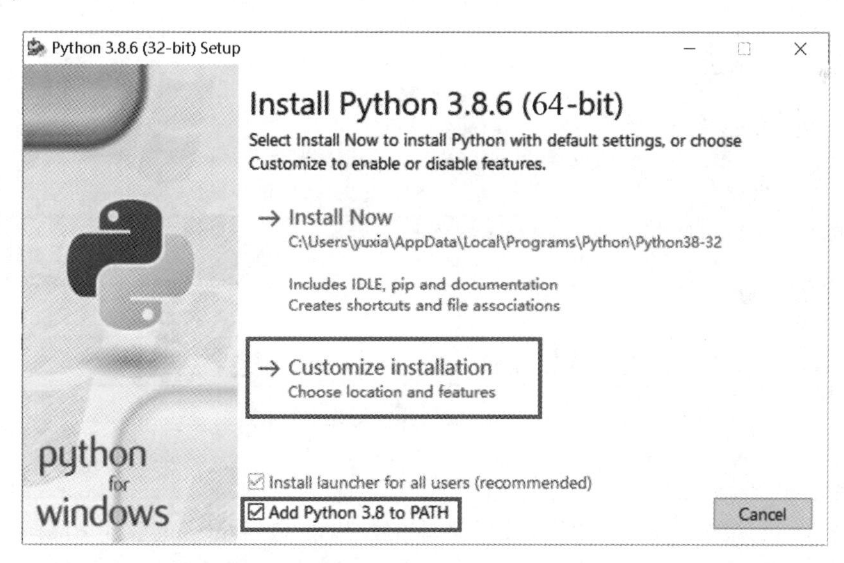

图 1-4　选择 Customize installation 安装

② 选择功能选项，单击 Next 按钮，如图 1-5 所示。

③ 选择安装路径和功能，单击 Install 按钮进行安装，如图 1-6 所示。

④ 安装过程持续几分钟，安装成功后对话框中出现“Setup was successful”，单击 Close 按钮完成安装。

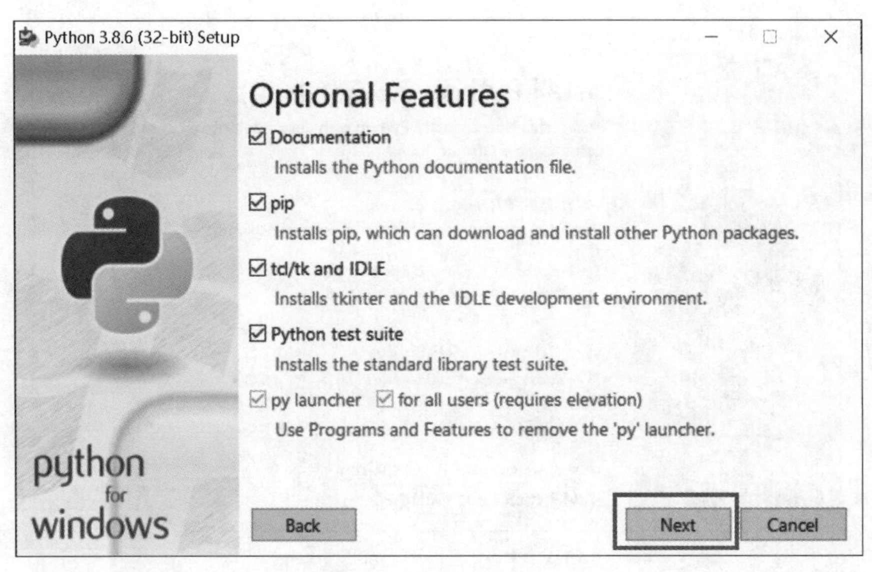

图 1-5 功能选项对话框

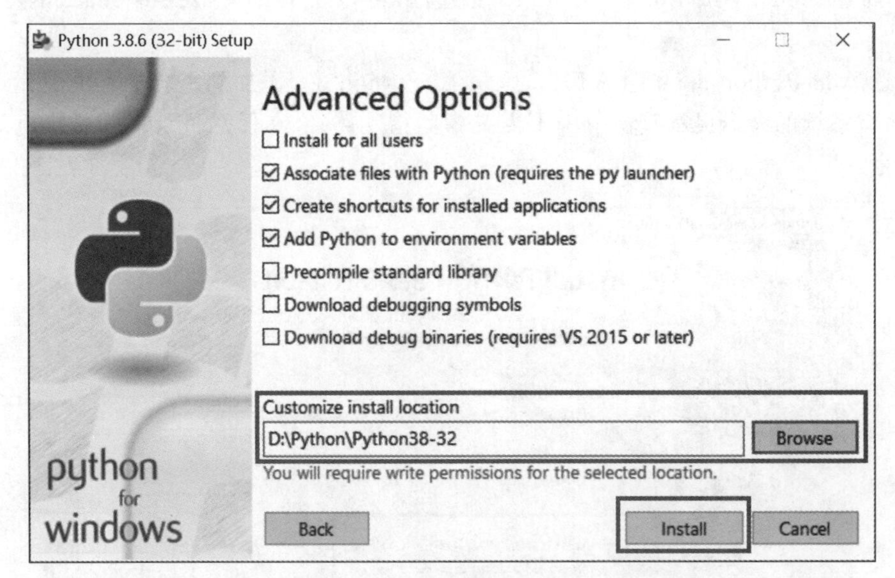

图 1-6 安装路径对话框

⑤ 验证是否安装正确。

安装成功后，在 Windows 的“开始”菜单中可以看到新增菜单项 Python 3.8。打开 Windows 系统的“命令提示符”窗口，验证是否安装正确。如果安装正确，在“命令提示符”窗口中输入 python 并按 Enter 键之后，可进入 Python 的交互环境，如图 1-7 所示。如果显示“Python 不是内部或外部命令，也不是可运行的程序或批处理文件”，则说明在安装过程中没有勾选图 1-6 中的 Add Python 3.8 to PATH 复选框，需要指明到 Python 解释器所在目录下运行，或者需要配置环境变量，详细过程见下面的“3. 配置 Python 解释器的环境变量”实验。

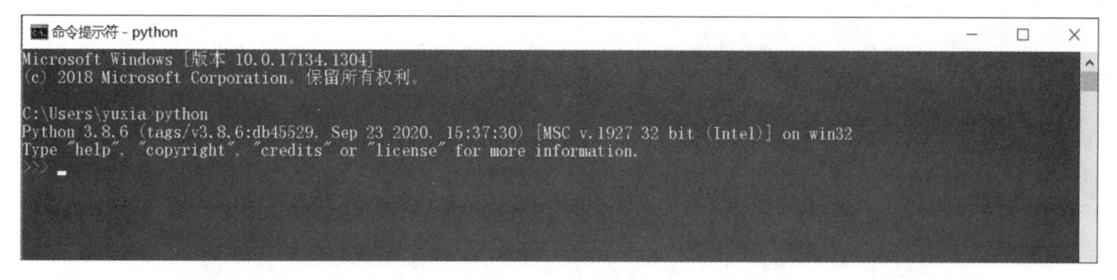

图 1-7　安装正确界面

2. 下载和安装最新版本的 Python 解释器。

(1) 在浏览器中访问 Python 官方网站主页(www.python.org)。

(2) 单击 Python 主页的 Downloads 菜单,页面显示了 Python 在 Windows 系统的最新版本为 Python 3.9.1,单击 Download Python 3.9.1 按钮,即可下载 Python 最新版本。

(3) 运行安装程序进行安装。详细过程参考 Python 3.8.6 的安装步骤。

(4) 验证是否安装成功。参考 Python 3.8.6 的验证过程。

3. 配置 Python 解释器的环境变量。

为了能在任意目录下执行 Python 相关命令,如果在安装过程中未勾选图 1-5 中的 Add Python 3.8 to PATH 复选框,则 Python 安装完成后需要手动配置环境变量,具体步骤如下。

(1) 逐步进入 Windows 操作系统的"控制面板"→"系统和安全"→"系统"界面,单击"高级系统设置",如图 1-8 所示。

图 1-8　"高级系统设置"界面

(2) 在打开的"系统属性"对话框中单击"高级"选项卡,然后单击"环境变量"按钮,如图 1-9 所示。

(3) 打开"环境变量"对话框,单击"系统变量"中的 Path 变量,然后单击"编辑"按钮,如图 1-10 所示。

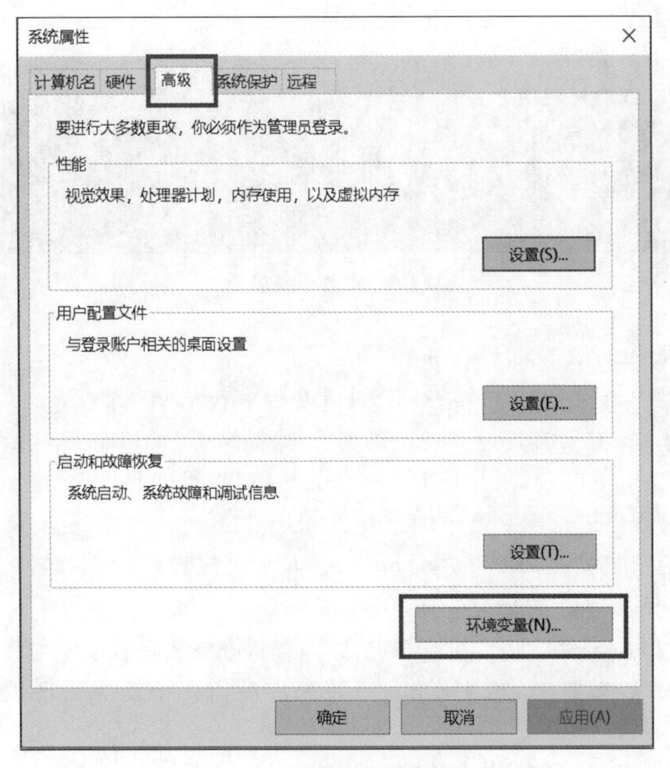

图 1-9 “系统属性”对话框

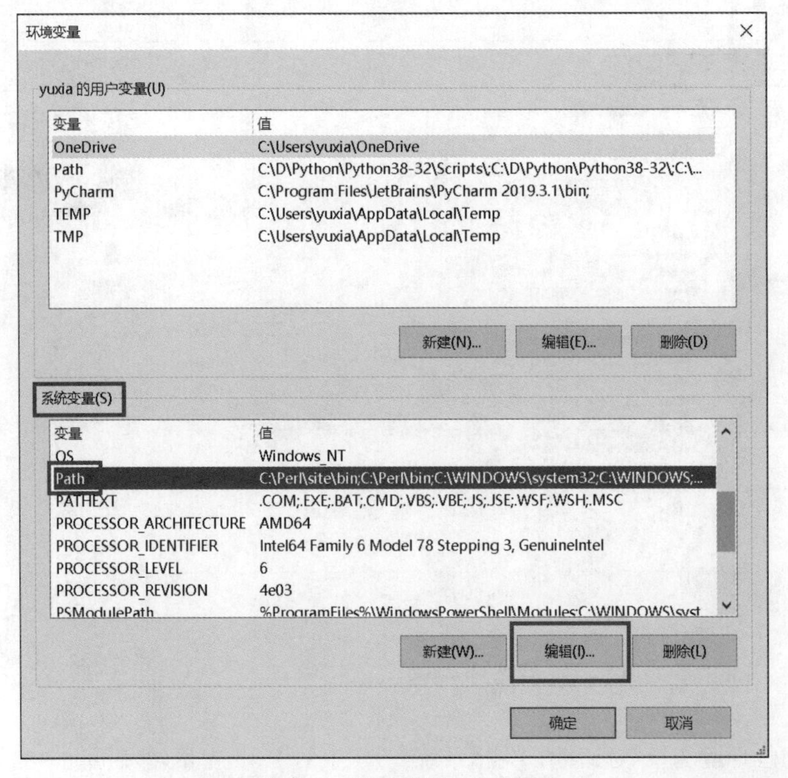

图 1-10 “环境变量”对话框

(4) 打开“编辑环境变量”对话框，单击“编辑文本”按钮。

(5) 打开“编辑系统变量”对话框，在“变量值”一栏中输入已安装 Python 的路径，如 D:\Python\Python 38-32，如图 1-11 所示。

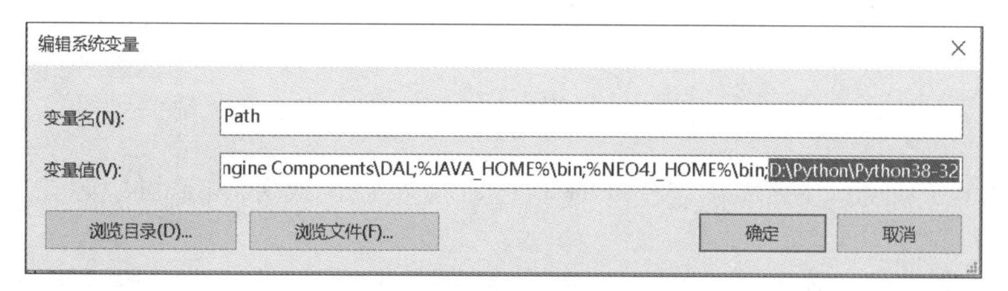

图 1-11　“编辑系统变量”对话框

(6)验证环境变量是否配置成功。打开系统的“命令提示符”，在任意路径下输入 python，按 Enter 键运行，如果可进入 Python 交互环境，则表示环境变量配置正确，如图 1-12 所示。

```
命令提示符 - python
Microsoft Windows [版本 10.0.17134.1304]
(c) 2018 Microsoft Corporation。保留所有权利。

C:\Users\yuxia>python
Python 3.8.6 (tags/v3.8.6:db45529, Sep 23 2020, 15:37:30) [MSC v.1927 32 bit (Intel)] on win32
Type "help", "copyright", "credits" or "license" for more information.
>>>
```

图 1-12　验证成功对话框

实验 1-2　使用 Python 的 IDLE 交互环境

【实验目的】

1. 掌握 IDLE 交互式启动和运行 Python 程序的方法。
2. 了解 IDLE 文件式启动和运行 Python 程序的方法。

【实验内容】

1. 在 IDLE 交互式环境中运行“Hello World”程序。
2. 在 IDLE 中以文件式运行“Hello World”程序。

【实验步骤】

1. 在 IDLE 交互式环境中运行“Hello World”程序。

(1) 启动 IDLE。安装 Python 后，在 Windows 的“开始”菜单中单击 Python 3.8 下的 IDLE 菜单项。通过 IDLE 启动后的初始窗口(Python Shell)可以在 IDLE 内部执行 Python 相关命令。

(2) 进入 IDLE 之后，在提示符“>>>”后面输入“print("Hello World")”程序代码，按 Enter 键运行后，显示输出结果，如图 1-13 所示。

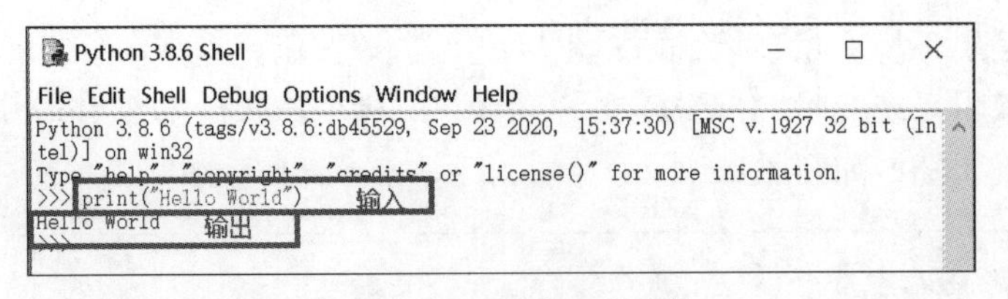

图 1-13　IDLE 交互式环境

(3) 退出运行环境。在 IDLE“>>>”提示符后输入 exit 或者 quit,可以退出 Python 运行环境。

2. 在 IDLE 中以文件式运行“Hello World”程序。

第一种方式:

(1) 启动 IDLE。详细过程见前文“1.在 IDLE 交互式环境中运行‘Hello World’程序”实验的步骤(1)。

(2) 打开 IDLE,在菜单中选择 File→New File 选项,或者按快捷键(Ctrl+N)打开一个新窗口。这个新窗口不是交互模式,而是一个具备 Python 语法高亮辅助的编辑器,可以编辑代码。输入“print("Hello World")”,然后在菜单中选择 File→Save 选项,保存为 hello.py 文件,如图 1-14 所示。

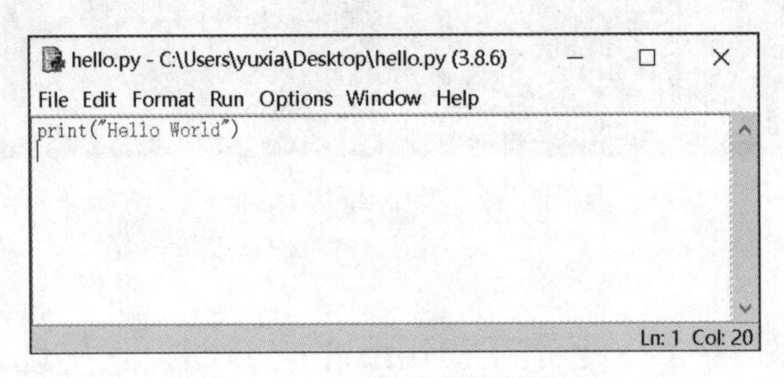

图 1-14　IDLE 编辑代码窗口

(3) 在 IDLE 菜单中选择 Run→Run Module 选项,或者按快捷键 F5,运行 hello.py 程序。

第二种方式:

(1) 将 Python 程序代码“print("Hello World")”按照 Python 的语法格式编写在任意编辑器中,可在 IDLE 中编写,也可在记事本、Notepad++、Sublime Text、VSCode 等软件中编写完成后保存为.py 文件。如将代码“print("Hello World")”写入记事本后保存为 hello.py,如图 1-15 所示。

图 1-15　记事本中的代码

(2) 启动 IDLE。详细过程见“1.在 IDLE 交互式环境中运行‘Hello World’程序”实验的步骤(1)。

(3) 打开 IDLE,在菜单中选择 File→Open 菜单项,打开编写完成的 hello.py 文件。

(4) 在 IDLE 菜单中选择 Run→Run Module 菜单项,或者按快捷键 F5,运行 hello.py 程序。

除此之外,在 Windows 系统的“命令提示符”控制台中完成交互式编程和文件式编程。

(1) 交互式编程。

① 在 Windows 系统的“开始”菜单中选择“Windows 系统”→“命令提示符”菜单项。

② 在“命令提示符”控制台输入 python,按 Enter 键,然后在>>>提示符后输入代码,按 Enter 键运行程序,如图 1-16 所示。

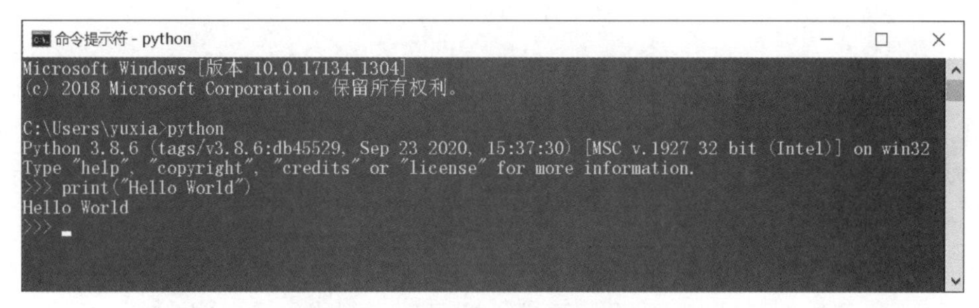

图 1-16 在“命令提示符”中完成交互式编程

(2) 文件式编程。

① 将 Python 程序代码“print("Hello World")”按照 Python 的语法格式编写在任意编辑器中,保存为 hello.py 文件,详细过程见第二种方式的步骤(1)。

② 在 Windows 系统的“开始”菜单中选择“Windows 系统”→“命令提示符”菜单项,进入 hello.py 文件所在目录,输入“python hello.py”运行 Python 程序文件并输出结果。

实验 1-3 使用 IDLE 交互环境编程

【实验目的】

掌握使用 Python IDLE 创建、运行、调试 Python 程序的方法。

【实验内容】

提示用户输入圆的半径,计算该圆的周长和面积。要求如下:

(1) 圆周率 π=3.1415926。

(2) 如果输入的是负数和零,则提示“半径不能为负数或者零”。

(3) 计算结果保留两位小数。

通过该示例练习创建 Python 程序、保存程序、运行程序、调试程序。

【实验步骤】

1. 创建 Python 程序。

启动 IDLE,选择 File→New File 菜单项,在新建页面中输入示例程序代码,如图 1-17 所示。

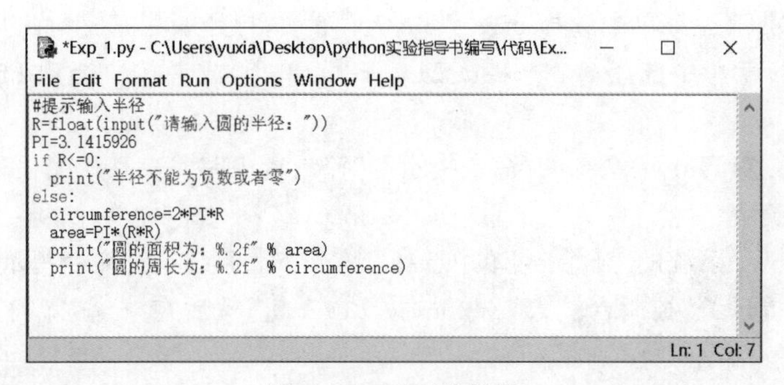

图 1-17　IDLE 编辑器

2. 保存程序。

在 IDLE 窗口中选择菜单中的 File→Save 菜单项保存文件,如果是新文件,则会弹出"另存为"对话框,可以在对话框中指定文件的保存路径,并选择文件的保存类型为"Python files",单击"保存"按钮保存,如图 1-18 所示。

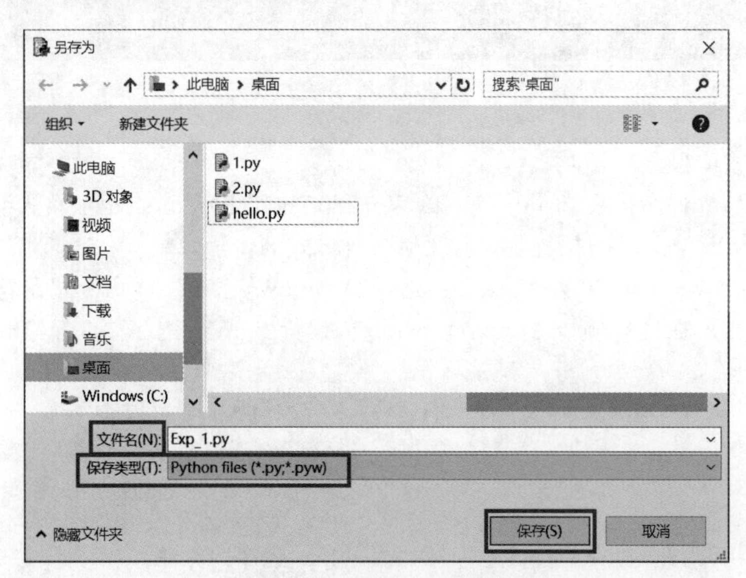

图 1-18　"另存为"对话框

3. 运行程序。

在 IDLE 窗口中选择 Run→Run Module 菜单项,或者按快捷键 F5 运行程序。运行时系统会自动弹出 Python Shell 窗口,并输出运行结果,如图 1-19 所示。

4. 调试程序。

通过调试器,程序员可以检查程序运行时任意一个时刻变量的值。

实验步骤如下。

(1) 启动 IDLE 的调试器,在交互式环境窗口中单击 Debug→Debugger 菜单项,打开调试控制(Debug Control)窗口,如图 1-20 所示。

```
Python 3.8.6 Shell
File  Edit  Shell  Debug  Options  Window  Help
Python 3.8.6 (tags/v3.8.6:db45529, Sep 23 2020, 15:37:30) [MSC v.1927 32 bit (Intel)] on win32
Type "help", "copyright", "credits" or "license()" for more information.
>>>
================== RESTART: C:/Users/yuxia/Desktop/Exp_1.py ==================
请输入圆的半径：5
圆的面积为：78.54
圆的周长为：31.42
>>>
Ln: 8  Col: 4
```

图 1-19　示例输出结果

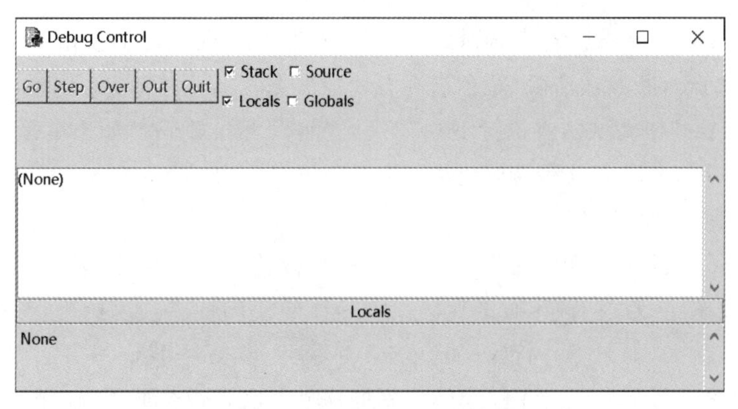

图 1-20　IDLE 交互式调试器

(2) 在调试控制窗口中可勾选 4 个复选框：Stack、Locals、Source 和 Globals，这样窗口将显示全部的调试信息。调试控制窗口显示时，从文件编辑器运行程序，调试器就会在第一条指令之前暂停执行，并显示下面的信息，如图 1-21 所示。

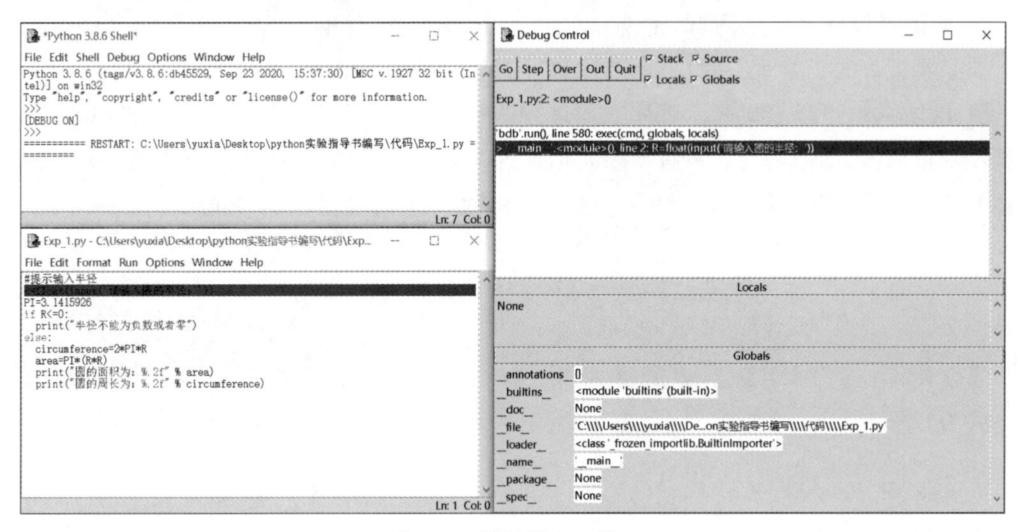

图 1-21　调试器窗口信息

- 将要执行的代码行；
- 所有局部变量及其值的列表；
- 所有全局变量及其值的列表。

在全局变量列表中有一些变量没有定义，如__builtins__、__doc__、__file__等。它们是Python在运行程序时自动设置的变量。程序将保持暂停，直到按下调试控制窗口中的5个按钮Go、Step、Over、Out和Quit中的一个。下面简单介绍它们的作用。

① 单击Go按钮将导致程序正常执行至终止，或到达一个"断点"。如果完成了调试，希望程序正常继续，就单击Go按钮。

如果在调试过程中对循环体内的某一行代码进行调试，可以在该行代码上设置断点(Set BreakPoint)。设置断点的方法是：在该行代码上右击，在弹出的快捷菜单中选择Set BreakPoint，该行代码以黄色高亮显示。当程序调试到断点处时，可以通过Go、Step、Over、Out或Quit按钮进行调试。程序调试结束之后，在断点处的代码上右击，从快捷菜单中选择Clear BreakPoint，断点被清除，黄色高亮自动消失。

② 单击Step按钮调试器将执行下一行代码，然后再次暂停。如果变量的值发生了变化，调试控制窗口的全局变量和局部变量列表就会更新。如果下一行代码是一个函数调用，调试器就会"步入"函数，跳到该函数的第一行代码。

③ 单击Over按钮将执行下一行代码，与Step按钮类似。但是，如果下一行代码是函数调用，Over按钮将"跨过"该函数的代码。该函数的代码将以全速执行，调试器将在该函数返回后暂停。例如，如果下一行代码是print()调用，实际上我们不关心内建print()函数中的代码，只希望传递给它的字符串输出到屏幕上。出于这个原因，使用Over按钮比使用Step按钮更常见。

④ 单击Out按钮将导致调试器全速执行代码行，直到它从当前函数返回。如果用Step按钮进入了一个函数，现在想继续执行指令，直到该函数返回，就单击Out按钮，从当前的函数调用"走出来"。

⑤ 如果希望完全停止调试，不继续执行剩下的程序，就单击Quit按钮马上终止该程序。如果希望再次正常运行程序，就再次选择Debug→Debugger，禁用调试器。

除此之外，也可以直接显示程序数据进行调试。例如，可以在某些关键位置用print语句显示变量的值，从而确定有没有出错。但是这个办法比较麻烦，因为开发人员必须在所有可疑的地方都插入输出语句，等到程序调试完成，还必须将这些输出语句全部清除。

实验1-4 安装Python扩展库

通常使用pip命令管理Python扩展库。pip是一个安装和管理Python包的工具，其命令格式为：

```
pip <command> [options]
```

常用的pip命令使用方法见表1-1。

表 1-1　常用的 pip 命令使用方法

pip 命令示例	说　　明
pip install SomePackage	安装 SomePackage 库
pip list	列出当前已安装的所有库
pip install --upgrade SomePackage	升级 SomePackage 库
pip uninstall SomePackage	卸载 SomePackage 库

【实验目的】

1. 了解使用 pip 命令在线安装 Python 扩展库的方法。
2. 了解通过 WHL 文件离线安装 Python 扩展库的方法。
3. 了解通过镜像文件安装 Python 扩展库的方法。
4. 了解导入与使用标准库和扩展库的对象的方法。

【实验内容】

1. 使用 pip 命令在线安装 Python 扩展库 pandas。
2. 通过 WHL 文件离线安装 Python 扩展库 numpy。
3. 通过镜像文件安装 Python 扩展库 django 3.1.6 版本。
4. 导入并使用标准库和扩展库的对象。

【实验步骤】

1. 使用 pip 命令在线安装 Python 扩展库 pandas。

(1) 在资源管理器中进入 Python 安装目录的 Scripts 子目录，按住 Shift 键，在空白处右击，在弹出的菜单中选择“在此处打开命令窗口”，进入命令提示符环境，或者在文件夹的地址栏中输入“cmd”，再按 Enter 键打开命令提示符。

(2) 使用 pip 命令在线安装 Python 扩展库 numpy。在命令提示符后输入“pip install numpy”，再按 Enter 键安装，如图 1-22 所示。

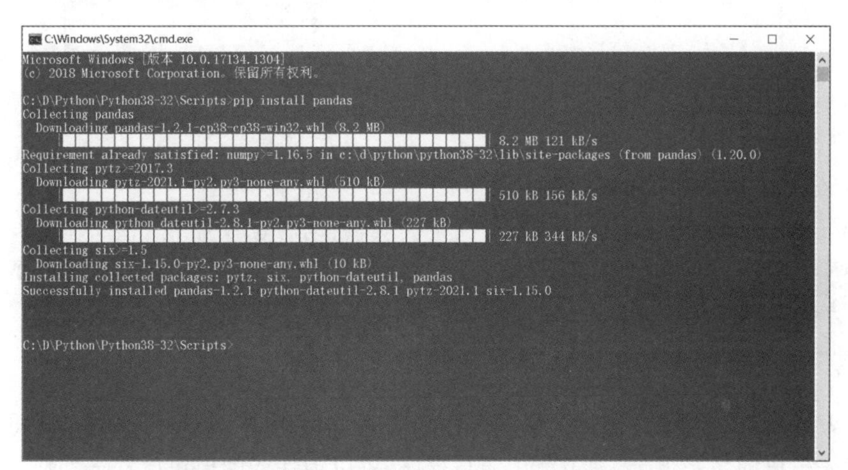

图 1-22　使用 pip 命令安装 Python 扩展库 pandas

(3) 在 Python 的 IDLE 中使用 import 导入安装好的扩展库,验证是否安装成功,如图 1-23 所示。

2. 通过 WHL 文件离线安装 Python 扩展库 numpy。

如果遇到在线安装不成功的扩展库,则使用浏览器打开网址 https://www.lfd.uci.edu/～gohlke/pythonlibs/,下载对应的 WHL 文件进行离线安装。

具体步骤如下。

(1) 打开"命令提示符",详见"1.使用 pip 命令在线安装 Python 扩展库 pandas"实验的步骤(1)。

(2) 使用 pip 安装 WHL 文件,安装时输入 WHL 文件的全路径,即

```
pip install C:\Users\numpy-1.20.1-cp38-cp38-win32.whl
```

(3) 在 Python 的 IDLE 中使用 import 导入安装好的扩展库,验证是否安装成功,如图 1-23 所示。

3. 通过镜像文件安装 Python 扩展库 django 3.1.6 版本。

(1) 打开"命令提示符",详见"1.使用 pip 命令在线安装 Python 扩展库 pandas"实验的步骤(1)。

(2) 使用国内的镜像源安装 Python 扩展库,该镜像源可以通过参数-i 指定。例如,下述命令试图从国内清华的镜像源安装 django 3.1.6 版本:

```
pip install django==3.1.6 -i https://pypi.tuna.tsinghua.edu.cn/simple
```

(3) 在 Python 的 IDLE 中使用 import 导入安装好的扩展库,验证是否安装成功,如图 1-23 所示。

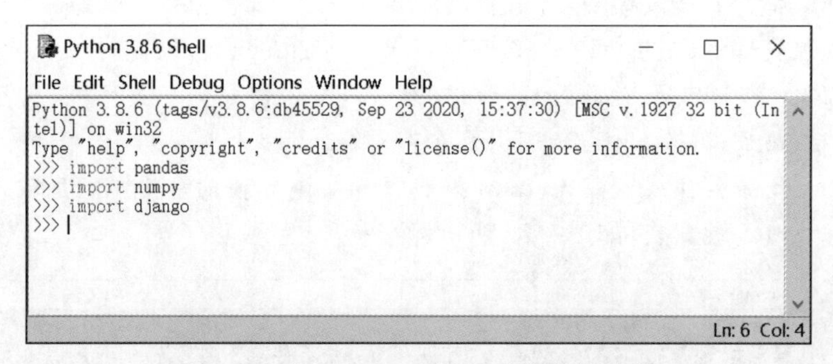

图 1-23 使用 import 导入安装好的扩展库

4. 导入并使用标准库和扩展库中的对象。

Python 默认安装仅包含基本模块或核心模块,启动时也仅加载了基本模块,需要时再加载标准库和第三方扩展库,从而降低程序运行时的压力,并且具有很强的可扩展性。

(1) 方式 1:

```
import 模块名[as 别名]
```

这种方式需要在对象之前加上模块名作为前缀,即必须以"模块名.对象名"的形式进行访问。如果模块的名字很长,为了便于编写程序,可以为导入的模块设置一个别名,采用"别

名.对象名”的方式使用其中的对象。如：

```
>>>import math                      #导入标准库 math(数学运算)
>>>math.sqrt(100)                   #求 100 的算术平方根
10.0                                #计算结果
>>>import numpy as np               #导入扩展库 numpy,设置别名为 np
>>>np.array((1,2,3))                #通过模块别名访问其对象
```

(2) 方式 2：

```
from 模块名 import 对象名[as 别名]
```

这种方式仅导入模块明确指定的对象,也可以为这个对象设置别名。这种方式不需要使用模块名作为前缀,因此可以减少查询次数,提高访问速度。

```
>>>from math import sqrt            #只导入模块中的指定对象 sqrt
>>>sqrt(100)
10.0
>>>from math import sqrt as s       #给导入的对象 sqrt 设置别名
>>>s(100)
```

(3) 方式 3：

```
from 模块名 import *
```

这种方式可导入模块的所有对象。

```
>>>from math import *               #导入标准库 math 中的所有对象
>>>sin(3)                           #使用 math 的 sin 对象
0.1411200080598672
>>>fsum((1,2,3,4))                  #求和
10.0
```

习　　题

一、单项选择题

1. Python 程序的扩展名是(　　)。

   A. .py　　B. .exe　　C. .docx　　D. .pdf

2. Python 语言属于(　　)。

   A. 机器语言　　B. 汇编语言　　C. 高级语言　　D. 科学计算语言

3. 下列关于 Python 语言特点的说法中,错误的是(　　)。

   A. Python 语言是开源语言　　B. Python 语言是跨平台语言

   C. Python 语言是免费的　　D. Python 语言是面向过程的

4. Python 内置的集成开发工具是(　　)。

   A. PythonWin　　B. Pydev　　C. IDE　　D. IDLE

5. 下面叙述中,正确的是(　　)。

   A. Python 3.x 与 Python 2.x 兼容

B. Python 语句只能以程序方式打开

C. Python 是解释性语言

D. Python 语言出现得晚,具有其他高级语言的一切优点

6. Python 语言的官方网站是(　　)。

A. www.python.com　　B. www.python.org

C. www.python.edu　　D. www.python.cn

7. IDLE 运行环境中,语法是高亮显示的。默认时,关键字显示为(　　)。

A. 橘红色　　B. 红色　　C. 绿色　　D. 蓝色

8. 在安装 Python 时,勾选 td/tk and IDLE 复选框的功能是同时安装了(　　)。

A. IDLE　　B. anaconda　　C. conda　　D. Pycharm

9. 下列选项中,不是 IDLE 的编辑器的功能是(　　)。

A. 自动缩进　　B. 语法高亮显示

C. 单词自动完成　　D. 自动识别逻辑错误

10. 在使用 IDLE 调试器的过程中,如果下一行代码是函数调用,单击(　　)按钮将"跨过"该函数的代码。

A. Over　　B. Step　　C. Go　　D. Out

11. 用于在 IDLE 交互环境中执行 Python 命令的是(　　)。

A. file　　B. do　　C. run　　D. debug

12. 在 IDLE 交互环境中执行以下 Python 程序的结果是(　　)。

```
>>>a="+123"
>>>a
```

A. 123　　B. "+123"　　C. '+123'　　D. +123

二、操作题

1. 在 IDLE 中,根据公式 $f=C\times1.8+32$ 将摄氏温度转换为华氏温度(C 为输入项)。

2. 使用 pip 命令在线安装 TensorFlow 扩展库。

第 2 章　Python 基本语法和简单数据类型

【学习目标】

通过本章的学习，应达到如下学习目标：

1. 掌握 Python 基本语法，掌握 Python 程序的书写规范，掌握常量、变量、关键字、标识符和赋值语句的使用方法。

2. 掌握基本数据类型数据的表示、运算，以及数据类型转换函数的使用方法。

3. 掌握输入函数、输出函数和部分内置函数的使用方法，掌握字符串的相关操作。

【单元导学】

第 2 章思维导图如图 2-1 所示。

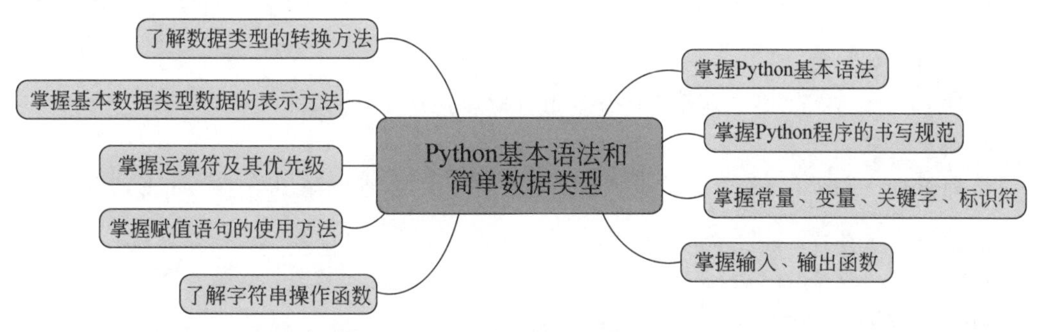

图 2-1　第 2 章思维导图

本章重点与难点主要包括以下内容。

重点：变量的定义，数据类型，基本运算符与表达式，常用的字符串操作函数。

难点：基本运算符与表达式，常用的字符串操作函数。

【知识回顾】

第 1 章重点学习了 Python 解释器的安装，使用 IDLE 创建、运行、调试函数的方法，以及导入标准库和安装扩展库的方法。

【学前准备】

为了更好地完成本章的学习，请完成本章的以下学前内容：

1. 下载并安装 Python 3.8 编程环境。

2. 编写第一个程序“Hello World !”。

实验 2-1　输入函数与输出函数

【实验目的】

熟练掌握输入函数 input()和输出函数 print()的使用方法。

【实验内容】

示例 2-1：从键盘输入两个字符，并输出。

【实验步骤】

1. 启动 IDLE，创建 Python 程序。

单击 Windows 的“开始”→File→New File 菜单项，在新建页面中输入下列程序代码：

```
char1=input("请输入第一个字符串：")
char2=input("请输入第二个字符串：")
print("输出字符串：",char1,char2)
```

2. 保存代码。

选择 File→Save 菜单项或按 Ctrl＋S 组合键保存程序，将文件命名为 Exp2_1.py。

3. 运行程序。

选择 Run→Run Module 菜单项或按 F5 键运行程序，查看输出结果。如下：

```
请输入第一个字符串：I Love
请输入第二个字符串：Pyhon
输出字符串：I Love Pyhon
```

4. 分析程序。

(1) print()函数在输出多个数据时，默认使用空格分隔数据。参数 sep 可指定 print()函数使用的输出分隔符。如将输出改为如下形式：

```
print("输出字符串："char1,char2,sep='?')
```

则输出结果如下：

```
输出字符串：I Love Pyhon
```

(2) 默认情况下，每个 print()函数都使用换行符号结束输出，所以每个 print()函数的输出结果都占一行。参数 end 可以指定结束符号。修改代码如下：

```
print("输出字符串：",char1)
print("输出字符串：",char2)
```

则输出结果如下：

```
输出字符串：I Love
输出字符串：Python
```

如果修改代码如下：

```
print("输出字符串：",char1,end=' ')
print(char2)
```

则输出结果如下：

```
请输入第一个字符串：I Love
请输入第二个字符串：Python
输出字符串：I Love Python
```

实验 2-2　Python 基本语法的特点

【实验目的】

熟练掌握 Python 3 中缩进分层、注释、语句续行符号(语句换行符号)、同一行写多个语句等语法的使用方法。

【实验内容】

示例 2-2 使用缩进分层、注释、语句续行符(语句换行符)等语法元素。

示例 2-2：在 IDLE 中输入小王的(语文、英语、数学)成绩(单科满分 100 分)。

判断：(1) 如果平均分数大于或等于 90 分，则提示"成绩优秀，继续保持！"；

(2) 否则提示"成绩不理想，继续努力！"。

【实验步骤】

1. 启动 IDLE，创建 Python 程序。

单击 Windows 的"开始"→File→New File 菜单项，在新建页面中输入如下的程序代码。

```
chinese_result=int(input("请输入语文成绩："))
math_result=int(input("请输入数学成绩："))
english_result=int(input("请输入英语成绩："))
avg_result=(chinese_result+math_result+english_result)/3
#判断平均成绩是否大于或等于 90
if avg_result>=90:
    print("您的平均分为：%.2f,成绩优秀,继续保持!" %avg_result)
else:
    print("您的平均分为：%.2f,成绩不理想,继续努力!" %avg_result)
```

2. 保存代码。

选择 File→Save 菜单项或按 Ctrl+S 组合键保存程序，将文件命名为 Exp2_2.py。

3. 运行程序。

选择 Run→Run Module 菜单项或按 F5 键运行程序，查看输出结果。

4. 分析程序。

(1) 缩进分层。

如果删除 print("您的平均分为：%.2f！成绩优秀，继续保持！" % avg_result)语句前面的两个空格，使其与 if 语句对齐，保存并运行程序，此时程序不能正常运行，会出现如图 2-2所示的缩进错误。因为 if 语句末尾的冒号表示下一行为 if 语句的代码块，Python 中用缩进表示代码块，且 Python 程序中同一个代码块中的语句必须保证缩进相同的空格数，缩进的空格数没有统一规定，但必须保证代码块中的空格数是相同的，否则将会出错。IDLE 默认缩进 4 个空格。

(2) 语句续行符。

为了增加可读性，使得界面美观，如果一个语句太长，可以使用反斜杠(\)实现一条语句的换行，如图 2-3 所示。

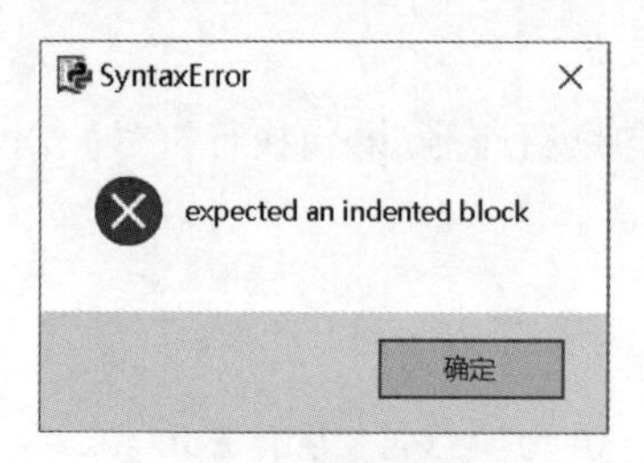

图 2-2　缩进错误

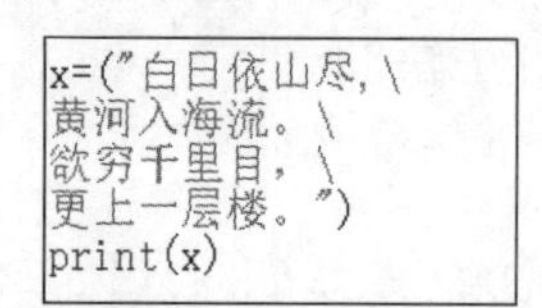

图 2-3　语句续行符

需要注意的是，语句续行符后面不能添加注释，否则会出现如图 2-4 所示的错误信息。

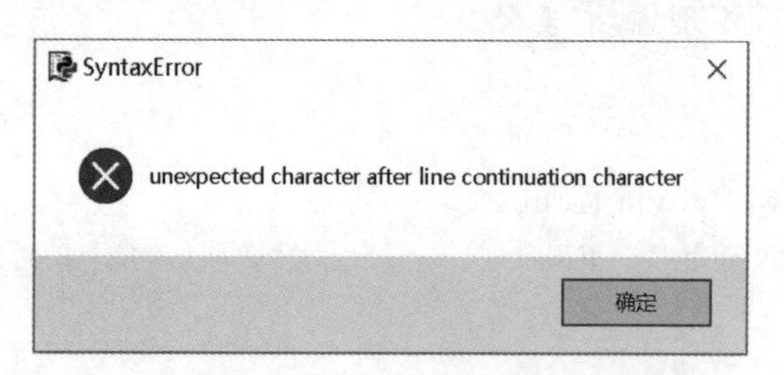

图 2-4　续行符使用错误

(3) 注释规则。

① 单行注释。单行注释以＃开头。注释可以从一行的任何地方开始，如果在代码后面添加单行注释，为了增加可读性，建议在代码和＃之间至少保留一个空格。

② 多行注释。多行注释用 3 个单引号(''')或者 3 个双引号(""")将注释括起来，需要注意的是，注释前后的引号要一致。

(4) 同一行写多条语句。

Python 允许将多条语句写在同一行上，语句之间用分号隔开。如：

```
chinese_result=int(input("请输入语文成绩: "));math_result=int(input("请输入数学成绩: "));english_result=int(input("请输入英语成绩: "))
```

但是，为了增加可读性，尽量不要在同一行写太多语句。

实验 2-3　常量、变量、关键字和标识符的使用方法

【实验目的】

1. 熟练掌握 Python 3 中定义常量和变量的方法。
2. 熟练掌握关键字和标识符的使用方法。

【实验内容】

示例 2-3：提示用户输入球体的半径，计算该球体的直径和表面积。要求如下：

(1) 圆周率 π=3.1415926。

(2) 如果输入的是负数和零，则提示“半径不能为负数或者零”。

(3) 计算结果保留两位小数。

示例 2-4：计算 1!+2!+3!+…+10!。

【实验步骤】

1. 示例 2-3 实验步骤如下。

(1) 启动 IDLE，创建 Python 程序。单击 Windows 中的“开始”菜单，选择 File→New File 菜单项，在新建页面中输入如下程序代码。

```
R=float(input('请输入球体的半径：'))                #提示输入半径
PI=3.1415926
if R<=0:
  print("半径不能为负数或者零")
else:
  diameter=2*R
  Surface_area=4*PI*(R**2)
  print("球体的直径为：%.2f" %diameter)
  print("球体的表面积为：%.2f" %Surface_area)
```

(2) 保存代码。

选择 File→Save 菜单项或按 Ctrl+S 组合键保存程序，将文件命名为 Exp2_3.py。

(3) 运行程序。

选择 Run→Run Module 菜单项或按 F5 键运行程序，查看输出结果。

(4) 分析程序。

该示例代码中，PI 为常量，在程序的运行过程中其值不会发生改变。R 为变量，diameter、Surface_area 的值随着 R 的不同而不同，也是变量。if 和 else 是关键字，在 IDLE 中以橘黄色高亮显示，关键字不能作为变量名。

2. 示例 2-4 实验步骤如下。

(1) 启动 IDLE，创建 Python 程序。单击 Windows 中的“开始”菜单，选择 File→New File 菜单项，在新建页面中输入如下程序代码。

```
a, sum=1, 0
for i in range(1,11):
    a=a * i
    sum+=a
print(sum)
```

(2) 保存代码。

选择 File→Save 菜单项或按 Ctrl+S 组合键保存程序,将文件命名为 Exp2_4.py。

(3) 运行程序。

选择 Run→Run Module 菜单项或按 F5 键运行程序,查看输出结果。

(4) 分析程序。

该示例代码中,a、sum、i 均为变量,在程序的运行过程中值都发生了变化。for 是关键字,在 IDLE 中以橘黄色高亮显示,关键字不能作为变量名。变量名的命名要遵守一些规则,如果把该示例中的 sum 改为 1sum(非法标识符,标识符不能以数字开头),则发生如图 2-5 所示的错误。如果用关键字作为变量名,同样会出现如图 2-5 所示的语法错误信息。如果将 print(sum)改为 print(sum4),则会出现如图 2-6 所示的错误,表示变量 sum4 为未定义的变量,需要提前创建该变量。

图 2-5　非法标识符

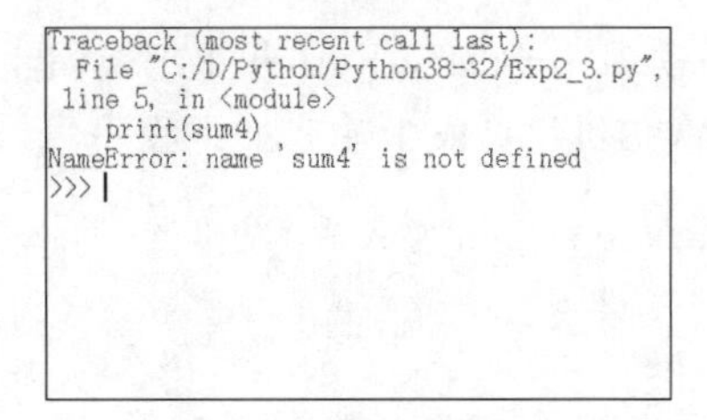

图 2-6　变量未定义错误

实验 2-4　基本数据类型及数据类型转换函数

【实验目的】

1. 熟练掌握整数类型、浮点数类型、布尔型、复数类型的表示和运算方法。
2. 掌握数据类型转换函数等数字处理函数。

【实验内容】

示例 2-5:创建不同类型的数字对象,赋值,并输出简单运算的结果。

示例 2-6:使用数据类型转换函数。

示例 2-7:输入自己的生日,判断这一天是当年的第几天。

【实验步骤】

1. 示例 2-5 实验步骤如下。

(1) 启动 IDLE,创建 Python 程序。单击 Windows 中的"开始"菜单,选择 File→New

File 菜单项,在新建页面中输入下列程序代码:

```
#创建整型对象
intNum=1024           #默认为十进制,Pyhon 3 对整数的取值没有限制
print(intNum)

intMinus=-2048        #输入负数
print(intMinus)
intBin=0b1100         #二进制表示,输出为十进制
print(intBin)
intOct=0o1100         #八进制表示,输出为十进制
print(intOct)
intHex=0x1100         #十六进制表示,输出为十进制
print(intHex)
#创建浮点型对象
floatNum=3.1415
print(floatNum)
floatE=10.1e-2
print(floatE)
floatErr=10.1**1024   #浮点数有取值范围,超出取值范围时会产生 OverflowError 溢出错误
print(floatErr)
#创建布尔型对象
boolT=True            #布尔型的值只有 True 和 False 两个,分别对应 1 和 0
print(boolT)
boolF=False
print(boolF)
#创建复数对象
complexNum=1.23+4.56J
print(complexNum)
#简单运算
intNum *=2
floatNum+=4           #浮点数不能执行精确运算,计算结果不等于 7.1415
print(intNum)
print(floatNum)
```

(2) 保存代码。选择 File→Save 菜单项或按 Ctrl+S 组合键保存程序,将文件命名为 Exp2_5.py。

(3) 运行程序。选择 Run→Run Module 菜单项或按 F5 键运行程序,查看输出结果。输出结果如下:

```
1024
-2048
12
576
4352
3.1415
```

```
0.101
Traceback (most recent call last):
File "C:/Users/yuxia/Desktop/Exp2_4.py", line 26, in<module>
floatErr=10.1**1024
OverflowError: (34, 'Result too large')
True
False
(1.23+4.56j)
2048
7.141500000000001
```

2. 示例 2-6：使用数据类型转换函数。

(1) 启动 IDLE，创建 Python 程序。单击 Windows 中的“开始”菜单，选择 File→New File 菜单项，在新建页面中输入下列程序代码：

```
#整型、浮点型、字符串之间的转换
Hight=input('请输入您的身高：')
floatNum=float(Hight)                     #把字符串转换为浮点型
print(type(Hight))
print(type(floatNum))
intNum=int('110')                         #把数字字符串转换为整型
print(intNum)
PI=str(3.14)                              #把浮点型数据转换为字符串
print(type(PI))
listNum=str([1,2,3,4])                    #把列表对象转换为字符串
print(type(listNum))
floatNumber=float(3)                      #把整型数字转换为浮点型数字
print(floatNumber)
#complex()函数用于创建复数
complexNum=complex(666)                   #创建并指定复数的实部
print(complexNum)
complexNumber=complex(666,999)            #创建并指定复数的实部和虚部
print(complexNumber)
#数制之间的转换
print(bin(10))                            #把数字转换为二进制数字
print(oct(10))                            #把数字转换为八进制数字
print(hex(10))                            #把数字转换为十六进制数字
#字符与 Unicode 码之间的转换
print(ord('A'))                           #把字符转换为其 ASCII 值
print(chr(65))                            #把整数转换为与该 ASCII 值对应的字符
#eval()函数用来执行一个字符串表达式，并返回表达式的值
evalNum=eval('3 * 5')                     #计算字符串表达式的值并返回整型数字
print(evalNum)
print(type(evalNum))
#将其他类型的数据转换为序列结构
listNum=list((1,2,3,4))                   #把数字序列转换为列表
```

```
print(listNum)
tupleNum=tuple(('a','b','c','d'))         #把字符序列转换为元组
print(tupleNum)
setNum=set((1,2,3,4))                     #把数字序列转换为集合
print(setNum)
```

(2) 保存代码。选择 File→Save 菜单项或按 Ctrl+S 组合键保存程序,将文件命名为 Exp2_6.py。

(3) 运行程序。选择 Run→Run Module 菜单项或按 F5 键运行程序,查看输出结果。输出结果如下:

```
请输入您的身高: 165
<class 'str'>
<class 'float'>
110
<class 'str'>
<class 'str'>
3.0
(666+0j)
(666+999j)
0b1010
0o12
0xa
65
A
15
<class 'int'>
[1, 2, 3, 4]
('a', 'b', 'c', 'd')
{1, 2, 3, 4}
```

3. 示例 2-7: 输入自己的生日,判断这一天是当年的第几天。

(1) 启动 IDLE,创建 Python 程序。单击 Windows 中的"开始"菜单,选择 File→New File 菜单项,在新建页面中输入如下代码:

```
year=int(input('请输入出生的年份: '))                         #把输入数据转换为整型
month=int(input('请输入出生的月份: '))
day=int(input('请输入出生的日期: '))

days=(0,31,59,90,120,151,181,212,243,273,304,334)      #每个月的第一天为一年中的第几天
if 0<month<=12:
    date=days[month-1]
else:
    print ('输入数据错误')
date+=day
temp=0
```

```
if (year %400==0) or ((year %4==0) and (year %100 ! =0)):        #判断是否为闰年
    temp=1
if (temp==1) and (month>2):
    date+=1
print ('您的出生日期是当年的第 %d 天。' %date)
```

(2) 保存代码。选择 File→Save 菜单项或按 Ctrl+S 组合键保存程序,将文件命名为 Exp2_7.py。

(3) 运行程序。选择 Run→Run Module 菜单项或按 F5 键运行程序,查看输出结果。输出结果如下:

```
请输入出生的年份: 2016
请输入出生的月份: 3
请输入出生的日期: 16
您的出生日期是当年的第 76 天。
```

实验 2-5　Python 运算符与表达式

【实验目的】

1. 熟练掌握算术运算符、赋值运算符、关系运算符、逻辑运算符等运算符的使用。

2. 了解运算符的优先级。

【实验内容】

示例 2-8: 设计一个计算器,使其能够实现加、减、乘、除、求余、求幂和求整商运算(使用算术运算符实现)。

示例 2-9: 输出斐波那契数列(使用关系运算符实现)。

示例 2-10: 某高校本科生毕业的条件: 如果修满 170 学分且绩点为 2.0 以上,则可以顺利毕业,否则不能毕业(使用逻辑运算符实现)。

示例 2-11: 赋值运算符与位运算。

示例 2-12: 判断某数是否为水仙花数。

【实验步骤】

1. 示例 2-8: 设计一个计算器,使其能够实现加、减、乘、除、求余、求幂和求整商运算(使用算术运算符实现)。

(1) 启动 IDLE,创建 Python 程序。单击 Windows 中的"开始"菜单,选择 File→New File 菜单项,在新建页面中输入下列代码:

```
print('☆请使用简易计算器☆')
#用户输入
print("运算选项: ")
print("1.加法运算")
print("2.减法运算")
```

```
print("3.乘法运算")
print("4.除法运算")
print("5.求余运算")
print("6.求幂运算")
print("7.求整商运算")
print('☆请使用简易计算器☆')
choice=input("输入你的选择(1/2/3/4/5/6/7):")
num1=int(input("输入第一个数字: "))
num2=int(input("输入第二个数字: "))
if choice=='1':
  print(num1,"+",num2,"=", num1+num2)
elif choice=='2':
  print(num1,"-",num2,"=", num1-num2)
elif choice=='3':
  print(num1,"*",num2,"=", num1 * num2)
elif choice=='4':
  print(num1,"/",num2,"=", num1/num2)
elif choice=='5':
  print(num1,"%",num2,"=", num1%num2)
elif choice=='6':
  print(num1,"**",num2,"=", num1**num2)
elif choice=='7':
  print(num1,"//",num2,"=", num1//num2)
else:
  print("无此选项,请重新输入")
```

(2) 保存代码。选择 File→Save 菜单项或按 Ctrl+S 组合键保存程序,将文件命名为 Exp2_8.py。

(3) 运行程序。选择 Run→Run Module 菜单项或按 F5 键运行程序,查看输出结果,如图 2-7 所示。

```
☆请使用简易计算器☆
运算选项:
1. 加法运算
2. 减法运算
3. 乘法运算
4. 除法运算
5. 求余运算
6. 求幂运算
7. 求整商运算
☆请使用简易计算器☆
输入你的选择(1/2/3/4/5/6/7):1
输入第一个数字: 5
输入第二个数字: 6
5 + 6 = 11
```

图 2-7 示例 2-8 的输出结果

2. 示例 2-9：输出斐波那契数列(使用关系运算符实现)。

(1) 启动 IDLE,创建 Python 程序。单击 Windows 中的“开始”菜单,选择 File→New File 菜单项,在新建页面中输入下列程序代码:

```
#用户输入数据
nterms=int(input("请输入需要输出的项数:"))
```

```
#第一项和第二项
num1=0
num2=1
count=2
#判断输入的值是否合法
if nterms<=0:                                   #关系运算符
  print("请输入一个正整数!")
elif nterms==1:                                 #关系运算符
  print("斐波那契数列: ")
  print(num1)
else:
  print("斐波那契数列: ")
  print(num1,",",num2,end=", ")
  while count<nterms:                           #关系运算符
      addNum=num1+num2
      print(addNum,end=", ")
      #更新值
      num1=num2
      num2=addNum
      count+=1
```

(2) 保存代码。选择 File→Save 菜单项或按 Ctrl＋S 组合键保存程序，将文件命名为 Exp2_9.py。

(3) 运行程序。选择 Run→Run Module 菜单项或按 F5 键运行程序，查看输出结果。输出结果如下：

```
请输入需要输出的项数: 10
斐波那契数列:
0, 1, 1, 2, 3, 5, 8, 13, 21, 34
```

3. 示例 2-10：某高校本科生毕业的条件：如果修满 170 学分且绩点为 2.0(含)以上，则可以顺利毕业，否则不能毕业(使用逻辑运算符实现)。

(1) 启动 IDLE，创建 Python 程序。单击 Windows 中的"开始"菜单，选择 File→New File 菜单项，在新建页面中输入下列程序代码：

```
#用户输入
credit=float(input("请输入所修学分: "))
point=float(input("请输入所得绩点: "))
if credit>=170 and point>=2.0:
    print("恭喜,你可以顺利毕业!")
if credit<170.0 or point<2.0:
    print("抱歉,你无法按时毕业!")
```

(2) 保存代码。选择 File→Save 菜单项或按 Ctrl＋S 组合键保存程序，将文件命名为 Exp2_10.py。

(3) 运行程序。选择 Run→Run Module 菜单项或按 F5 键运行程序，查看输出结果。输出结果如下：

```
请输入所修学分：180
请输入所得绩点：2.4
恭喜，你可以顺利毕业！
```

4. 示例 2-11：赋值运算符与位运算。

(1) 启动 IDLE，创建 Python 程序。单击 Windows 中的"开始"菜单，选择 File→New File 菜单项，在新建页面中输入下列程序代码：

```
Num1=100
Num2=5
Num1+=200                    #等价于 Num1=Num1+200
print(Num1)
Num2 -=2                     #等价于 Num2=Num2 -2
print(Num2)
Num2 *=8                     #等价于 Num2=Num2 * 8
print(Num2)
Num1 /=6                     #等价于 Num1=Num1 / 6
print(Num1)
Num2 %=7                     #等价于 Num2=Num2 %7
print(Num2)
Num2 **=3                    #等价于 Num2=Num2 ** 3
print(Num2)
Num2 //=13                   #等价于 Num2=Num2//13
print(Num2)
Num2 &=3                     #等价于 Num2=Num2 & 3
print(Num2)
Num2 |=4                     #等价于 Num2=Num2 | 4 按位或赋值
print(Num2)
Num2 ^=2                     #等价于 Num2=Num ^ 2 按位异或赋值
print(Num2)
Num2<<=1                     #等价于 Num2=Num2<<=1 左移赋值
print(Num2)
Num2>>=2                     #等价于 Num2=Num2>>2 右移赋值
print(Num2)
```

(2) 保存代码。选择 File→Save 菜单项或按 Ctrl+S 组合键保存程序，将文件命名为 Exp2_11.py。

(3) 运行程序。选择 Run→Run Module 菜单项或按 F5 键运行程序，查看输出结果。输出结果如下：

```
300
3
24
```

```
50.0
3
27
2
2
6
4
8
2
```

5. 示例 2-12：判断某数是否为水仙花数。

(1) 启动 IDLE，创建 Python 程序。单击 Windows 中的“开始”菜单，选择 File→New File 菜单项，在新建页面中输入下列程序代码：

```
#用户输入
inputNum=int(input("请输入一个数字："))
#初始化变量 sum
sum=0
#指数
length=len(str(inputNum))
#检测
temp=inputNum
while temp>0:
   digit=temp %10
   sum+=digit ** length        #**的优先级高于+
   temp //=10
#输出结果
if inputNum==sum:
   print(inputNum,"是水仙花数")
else:
    print(inputNum,"不是水仙花数")
```

(2) 保存代码。选择 File→Save 菜单项或按 Ctrl＋S 组合键保存程序，将文件命名为 Exp2_12.py。

(3) 运行程序。选择 Run→Run Module 菜单项或按 F5 键运行程序，查看输出结果。输出结果如下：

```
请输入一个数字：153
153 是水仙花数
```

实验 2-6　Python 内置模块的导入与使用

【实验目的】

内置模块的导入与使用。

【实验内容】

1. 示例 2-13：①随机产生 3 个 1～10 的整数，并输出最大值。

② 随机产生 3 个 1～100 的间隔为 5 的整数，并输出最小值。

2. 示例 2-14：① 从数字和英文小写字母中产生 5 位验证码。

② 从数字和英文大小写字母中产生 8 位验证码。

③ 盲盒游戏：从键盘输入给定词语中的一个，如果与随机产生的词语一致，则竞猜成功，否则竞猜失败。

④ 现有八个考生，编号为 01～08，请为考生安排面试顺序。

3. 示例 2-15：使用公式法求一元二次方程 $ax^2+bx+c=0(a\neq0)$的根。

4. 示例 2-16：从键盘输入一个数字，在该数字上使用 math 标准库中的常用函数。

【实验步骤】

1. 示例 2-13：①随机产生 3 个 1～10 的整型数字，输出最大值。

② 随机产生 3 个 1～100 的间隔为 5 的数字，输出最小值。

步骤如下：

(1) 启动 IDLE，创建 Python 程序。单击 Windows 中的“开始”菜单，选择 File→New File 菜单项，在新建页面中输入下列程序代码：

```
import random                         #导入 random 模块
num1=random.randint(1,10)             #使用 random 模块的 randint()函数随机产生 3 个
                                      #1~10 的整数
num2=random.randint(1,10)
num3=random.randint(1,10)
print("随机生成的数字为：",num1,num2,num3)
maxNum=max(num1,num2,num3)            #调用 max()内置函数求最大值
print("最大值是：", maxNum)
print('\n')
print("*********我是分隔线*********\n")
num1=random.randrange(1,100,5)        #使用 random 模块的 randrange()函数随机产生
                                      #3 个 1~100 的间隔为 5 的整数
num2=random.randrange(1,100,5)
num3=random.randrange(1,100,5)
print("随机生成的数字为：",num1,num2,num3)
minNum=min(num1,num2,num3)            #调用 min()内置函数求最小值
print("最小值是：", minNum)
```

(2) 保存代码。选择 File→Save 菜单项或按 Ctrl+S 组合键保存程序，将文件命名为 Exp2_13.py。

(3) 运行程序。选择 Run→Run Module 菜单项或按 F5 键运行程序，查看输出结果。输出结果如下：

```
随机生成的数字为：2 4 9
```

```
最大值是: 9
*********我是分隔线*********
随机生成的数字为: 51 31 46
最小值是: 31
```

2. 示例 2-14: ① 从数字和英文小写字母中产生 5 位验证码。

② 从数字和英文大小写字母中产生 8 位验证码。

③ 盲盒游戏: 从键盘输入给定词语中的一个,如果与随机产生的词语一致,则竞猜成功,否则竞猜失败。

④ 现有八个考生,编号为 01～08,请为考生安排面试顺序。

步骤如下。

(1) 启动 IDLE,创建 Python 程序。单击 Windows 中的"开始"菜单,选择 File→New File 菜单项,在新建页面中输入下列程序代码:

```
import random                       #导入 random 模块
import string                       #导入 string 模块
sample(seq, n)                      #从序列 seq 中选择 n 个随机且独立的元素
Num1=(random.sample('abcdefghijklmnopqrstuvwxyz0123456789', 5))
codeNum1=''.join(Num1)              #将序列中的元素以指定的字符连接生成一个新的字符串
print("您的验证码是: ",codeNum1,",请妥善保管! \n")

print("-------------我是分隔线--------------\n")
Num2=random.sample(string.ascii_letters+string.digits,8)
codeNum2=''.join(Num2)
print("您的验证码是: ",codeNum2,",请妥善保管! \n")
print("--------------我是分隔线--------------\n")
#choice 从序列中获取一个随机元素。其函数原型为 random.choice(sequence)
print("从以下水果中选择一种: Apple,Pear,Orange,Watermelon,Banana")
print('\n')
fruit=input("您的选择是: ")
choice=random.choice(["Apple","Pear","Orange","Watermelon","Banana"])
print("盲盒为: ",choice)
if fruit==choice:
    print('\n')
    print("恭喜您猜测正确,可以带走该水果!")
else:
    print('\n')
    print("抱歉,您无法带走该水果!")
    print('\n')
print("--------------我是分隔线--------------\n")
#random.shuffle 的函数原型为 random.shuffle(x[, random]),用于将一个列表中的元素打乱
sequence=['001','002','003','004','005','006','007','008']
random.shuffle(sequence)
print("考生的面试顺序为: ", sequence)
```

(2) 保存代码。选择 File→Save 菜单项或按 Ctrl＋S 组合键保存程序,将文件命名为

Exp2_14.py。

(3) 运行程序。选择 Run→Run Module 菜单项或按 F5 键运行程序,查看输出结果。输出结果如下:

```
您的验证码是: 3nt0w,请妥善保管!
-------------我是分隔线--------------
您的验证码是: xF2aRVHC,请妥善保管!
--------------我是分隔线--------------
从以下水果中选择一种: Apple,Pear,Orange,Watermelon,Banana
您的选择是: Apple
盲盒为: Banana
抱歉,您无法带走该水果!
--------------我是分隔线--------------
考生的面试顺序为: ['004', '001', '002', '005', '003', '007', '006', '008']
```

3. 示例 2-15:使用公式法求一元二次方程 $ax^2+bx+c=0(a\neq0)$的根。

实验步骤如下。

(1) 启动 IDLE,创建 Python 程序。单击 Windows 中的"开始"菜单,选择 File→New File 菜单项,在新建页面中输入下列程序代码:

```
import math                                   #导入 math 模块
a=float(input('请输入 a='))
b=float(input('请输入 b='))
c=float(input('请输入 c='))
dert=math.pow(b,2)-4*a*c                      #math.pow(a,b)用于计算 a 的 b 次方
if dert>=0 and dert! =0:                      #一元二次方程有解的条件
        x1=(-b+math.sqrt(dert))/(2*a)         #math.sqrt(x)用于计算 x 的算术平方根
        x2=(-b-math.sqrt(dert))/(2*a)
        print("该方程有两个不同的根: %.2f %.2f" %(x1,x2))
elif dert==0:
        x1=x2=-c/b
        print("该方程有两个相同的根: %.2f" %x1)
else:
        print('该方程无解! ')
```

(2) 保存代码。选择 File→Save 菜单项或按 Ctrl+S 组合键保存程序,将文件命名为 Exp2_15.py。

(3) 运行程序。选择 Run→Run Module 菜单项或按 F5 键运行程序,查看输出结果。输出结果如下:

```
请输入 a=1
请输入 b=4
请输入 c=-10
该方程有两个不同的根: 1.74 -5.74
```

4. 示例 2-16:从键盘输入一个数字,在该数字上使用 math 标准库中的常用函数。

实验步骤如下。

(1) 启动 IDLE,创建 Python 程序。单击 Windows 中的“开始”菜单,选择 File→New File 菜单项,在新建页面中输入下列程序代码:

```
import math
Number=float(input("请输入一个浮点数: "))
print(Number,"的绝对值为: ",math.fabs(Number))
#math.fabs(x)返回 x 的绝对值
print(Number,"的向上取整数为: ",math.ceil(Number))
#math.ceil(x)向上取整,返回不小于 x 的最小整数
print(Number,"的向下取整数为: ",math.floor(Number))
#math.floor(x)向下取整,返回不大于 x 的最大整数
print(Number,"的整数部分为: ",math.trunc(Number))
#math.trunc(x)返回 x 的整数部分
print(Number,"的小数和整数部分分别为: ",math.modf(Number))
#math.modf(x)返回 x 的小数和整数部分
print(Number,"的算术平方根为: %.2f" %math.sqrt(Number))
#math.sqrt(x)返回 x 的算术平方根
print(Number,"的 10 对数值为: ",math.log10(Number))
#math.log10(x)返回 x 的 10 对数值
print("e 的",Number,"次幂为: ",math.exp(Number))
#math.exp(x)返回 e 的 x 次幂
print(Number,"与",Number,"的和为: ",math.fsum([Number,Number]))
#math.fsum([x,y])返回 x 与 y 的和
print(Number,"的正弦值为: ",math.sin(Number))
#math.sin(x)返回 x 的正弦值,x 是弧度值
print(Number,"与 12 的最大公约数为: ",math.gcd(int(Number),12))
#math.gcd(a,b)返回 a 与 b 的最大公约数
print(Number,"的阶乘为: ",math.factorial(math.ceil(Number)))
#math.factorial(x)返回 x 的阶乘,若 x 是小数或负数,则返回 ValueError
```

(2) 保存代码。选择 File→Save 菜单项或按 Ctrl+S 组合键保存程序,将文件命名为 Exp2_16.py。

(3) 运行程序。选择 Run→Run Module 菜单项或按 F5 键运行程序,查看输出结果。输出结果如下:

```
请输入一个浮点数: 3.14
3.14 的绝对值为: 3.14
3.14 的向上取整数为: 4
3.14 的向下取整数为: 3
3.14 的整数部分为: 3
3.14 的小数和整数部分分别为: (0.14000000000000012, 3.0)
3.14 的算术平方根为: 1.77
3.14 的 10 对数值为: 0.49692964807321494
e 的 3.14 次幂为: 23.103866858722185
```

```
3.14与3.14的和为: 6.28
3.14的正弦值为: 0.0015926529164868282
3.14与12的最大公约数为: 3
3.14的阶乘为: 24
```

实验2-7　字符串操作

【实验目的】

熟练掌握字符串的表示及操作方法。

【实验内容】

示例2-17：输入一个不多于5位的正整数。①求它是几位数；②逆序打印出各位数字。

示例2-18：大小写转换。将字符串“just Do it !”按如下要求转换：

① 把字符串中的所有字符都转换成大写字符。

② 把字符串中的所有字符都转换成小写字符。

③ 把字符串中的所有大写字符都转换成小写字符，把所有小写字符都转换成大写字符。

④ 把第一个字符转换成大写字符，把其余字符转换成小写字符。

⑤ 把每个单词的第一个字符转换成大写字符，剩余字符转换成小写字符。

示例2-19：使用字符串运算符。

示例2-20：字符串内置函数的使用。

【实验步骤】

1. 示例2-17：输入一个位数不多于5的正整数。①求它是几位数；②逆序打印出各位数字。

(1) 启动IDLE，创建Python程序。单击Windows中的“开始”菜单，选择File→New File菜单项，在新建页面中输入下列程序代码：

```
Num=input("请输入一个位数不多于5的正整数:")
intNum=int(Num)
Tthousand=intNum // 10000
Thousand=intNum %10000 // 1000
Hundred=intNum %1000 // 100
Ten=intNum %100 //10
One=intNum %10
length=len(Num)                    #求字符串的长度
if length==5:
    print ("5位数: ",One,Ten,Hundred,Thousand,Tthousand)
elif length==4:
    print ("4位数: ",One,Ten,Hundred,Thousand)
```

```
elif length==3:
    print ("3位数: ",One,Ten,Hundred)
elif length==2:
    print ("2位数: ",One,Ten)
else:
    print ("1位数: ",One)
```

(2) 保存代码。选择File→Save菜单项或按Ctrl+S组合键保存程序,将文件命名为Exp2_17.py。

(3) 运行程序。选择Run→Run Module菜单项或按F5键运行程序,查看输出结果。输出结果如下:

```
请输入一个位数不多于5的正整数:12345
5位数: 5 4 3 2 1
```

2. 示例2-18:大小写转换。将字符串"just Do it !"按如下要求转换:

① 把字符串中的所有字符都转换成大写字符。

② 把字符串中的所有字符都转换成小写字符。

③ 把字符串中的所有大写字符都转换成小写字符,把所有小写字符都转换成大写字符。

④ 把第一个字符转换成大写字符,把其余字符转换成小写字符。

⑤ 把每个单词的第一个字符转换成大写字符,把每个单词的剩余字符转换成小写字符。

(1) 启动IDLE,创建Python程序。单击Windows中的"开始"菜单,选择File→New File菜单项,在新建页面中输入下列程序代码:

```
str="just Do it !"              #创建字符串
print(str.upper())              #把字符串中的所有小写字符都转换成大写字符
print(str.lower())              #把字符串中的所有大写字符都转换成小写字符
print(str.swapcase())           #把字符串中的所有大写字符都转换成小写字符,把所有小写
                                #字符都转换成大写字符
print(str.capitalize())         #把第一个字符转换成大写字符,把其余字符转换成小写字符
print(str.title())              #把每个单词的第一个字符转换成大写,把每个单词的剩余
                                #字符转换成小写字符
```

(2) 保存代码。选择File→Save菜单项或按Ctrl+S组合键保存程序,将文件命名为Exp2_18.py。

(3) 运行程序。选择Run→Run Module菜单项或按F5键运行程序,查看输出结果。输出结果如下:

```
JUST DO IT !
just do it !
JUST dO IT !
Just do it !
Just Do It !
```

3. 示例 2-19：使用字符串运算符。

(1) 启动 IDLE,创建 Python 程序。单击 Windows 中的“开始”菜单,选择 File→New File 菜单项,在新建页面中输入下列程序代码：

```
strA="Hello"
strB="Python"
print ("strA+strB 输出结果: ", strA+strB)        #+为字符连接符
print ("strA * 2 输出结果: ", strA * 2)          # * 为重复输出字符串
print ("strA[3] 输出结果: ", strA[3])            #[]为通过索引获取的字符串中的某个字符
print ("strA[1:4] 输出结果: ", strA[1:4])        #[m:n]用于截取 m 和 n 之间的字符串
if "H" in strA:                                  #in:成员运算符-如果字符串中包含给定的
                                                 #字符,则返回 True
    print ("H 在变量 strA 中")
else :
    print ("H 不在变量 strA 中")
if "D" not in strA:                              #not in:成员运算符-如果字符串中不包含
                                                 #给定的字符,则返回 True
    print ("D 不在变量 strA 中" )
else :
    print ("D 在变量 strA 中")
print (r'\n')
    print (r'\n')
```

(2) 保存代码。选择 File→Save 菜单项或按 Ctrl+S 组合键保存程序,将文件命名为 Exp2_19.py。

(3) 运行程序。选择 Run→Run Module 菜单项或按 F5 键运行程序,查看输出结果。输出结果如下：

```
strA+strB 输出结果: HelloPython
strA * 2 输出结果: HelloHello
strA[3] 输出结果: l
strA[1:4] 输出结果: ell
H 在变量 strA 中
D 不在变量 strA 中
\n
\n
```

4. 示例 2-20：字符串内置函数的使用。

(1) 启动 IDLE,创建 Python 程序。单击 Windows 中的“开始”菜单,选择 File→New File 菜单项,在新建页面中输入下列程序代码：

```
str1="runoob"
print(str1.center(50,'*'))
print(str1.ljust(50,'*'))
print(str1.rjust(50,'*'))
str1="banana"
print(str1.count('a'))
```

```
print(str1.count('a',0,4))
print(str1.count('na'))
str2="Hello Python !"
print(str2.endswith('! '))
print(str2.endswith('d',0,-1))
print(str2.startswith('H'))
str3="Hello Python !"
print(str3.find('o'))
print(str3.index('e'))
str4="Shenzhou-11"
print(str4.isalnum())          #str.isalnum()用于检测字符串是否由字母和数字组成
print(str4.isalpha())          #str.isalpha()用于检测字符串是否只由字母或文字组成
print(str4.isdigit())          #str.isdigit()用于检测字符串是否只由数字组成
print(str4.isnumeric())        #str.isnumeric()用于检测字符串是否只由数字组成
print(str4.islower())          #str.islower()用于检测字符串是否只由小写字母组成
print(str4.isspace())          #str.isspace()用于检测字符串是否只由空白字符组成
print(str4.istitle())          #str.istitle()用于检测字符串中所有的单词拼写首字母
                               #是否为大写,且其他字母为小写
print(str4.isupper())          #str.isupper()用于检测字符串中所有字母是否都为大写
link1="-"
link2=""
str5=("r","u","n","o","o","b")
print(link1.join(str5))        #str.join()将序列中的元素以指定的字符连接生成一个新的
                               #字符串
print(link2.join(str5))
str6='     Hello Python ! '
print(str6.lstrip())
str7='****    Hello Python ! '
print(str7.lstrip('*'))
str8="Hello World !"
print(str8.replace('World','Python',1))
str9="print#Hello#Python#!"
print(str9.split('#'))         #str --分隔符,默认为所有的空字符
str10="Hello Python !"
print(str10.rfind('o'))
```

(2) 保存代码。选择 File→Save 菜单项或按 Ctrl＋S 组合键保存程序,将文件命名为 Exp2_20.py。

(3) 运行程序。选择 Run→Run Module 菜单项或按 F5 键运行程序,查看输出结果。输出结果如下:

```
**********************runoob**********************
runoob********************************************
********************************************runoob
3
2
```

```
2
True
False
True
4
1
False
False
False
False
False
False
True
False
r-u-n-o-o-b
runoob
Hello Python !
    Hello Python !
Hello Python !
['print', 'Hello', 'Python', '! ']
10
```

习　　题

一、单项选择题

1. 可以使用(　　)接收用户从键盘输入的内容。

   A. input()函数　　B. print()函数　　C. int()函数　　D. format()函数

2. 表达式 3 * (2+12%3)**3/5 的结果是(　　)。

   A. 129.6　　B. 4　　C. 43.2　　D. 4.8

3. 下列运算结果不是浮点型的为(　　)。

   A. 2 * 0.5　　B. 2**−1　　C. 5//2　　D. 18/3

4. 下面代码的输出结果是(　　)。

```
x=12.34
print(type(x))
```

   A. <class 'int'>　　B. <class 'float'>　　C. <class 'bool'>　　D. <class 'complex'>

5. 下列程序的运行结果是(　　)。

```
>>>s='PYTHON'
>>>"{0:3}".format(s)
```

   A. 'PYTH'　　B. 'PYTHO'　　C. 'PYTHON'　　D. 'PYT'

6. 下面代码的输出结果是(　　)。

```
s=["seashell","gold","pink","brown","purple","tomato"]
print(s[1:4:2])
```

A. ['gold', 'pink', 'brown']

B. ['gold', 'pink']

C. ['gold', 'pink', 'brown', 'purple', 'tomato']

D. ['gold', 'brown']

7. 以下选项中符合 Python 语言变量命名规则的是(　　)。

A. *i　　B. 3_1　　C. AI!　　D. Templist

8. 以下程序的输出结果是(　　)。

```
s="python\n编程\t很\t容易\t学"
print(len(s))
```

A. 20　　B. 12　　C. 5　　D. 16

9. 关于 Python 语言的浮点数类型,以下选项中描述错误的是(　　)。

A. 浮点数类型表示带有小数的类型

B. Python 语言要求所有浮点数必须带有小数部分

C. 小数部分不可以为 0

D. 浮点数类型与数学中实数的概念一致

10. 语句 eval('2+ 4/5')执行后的输出结果为(　　)。

A. 2.8　　B. 2　　C. 2+4/5　　D. '2+4/5'

二、编程题

编写程序,要求:

(1) 输入视频文件名,判断其是否是符合要求的格式。如果是 MP4 格式,则是符合要求的视频。

(2) 在排队购票的过程中查看某位上的人名。

(3) 根据输入的用户名自动显示“Hello ×××,Welcome to China !”。

第3章　控制结构

【学习目标】

通过本章的学习，应达到如下的学习目标：

1. 了解程序流程的基本概念，掌握程序流程控制的 3 种结构。

2. 熟练掌握 if 选择控制语句、for 及 while 循环控制语句，掌握 continue 与 break 流程控制语句的使用方法。

3. 理解条件表达式与 True/False 的等价关系。

【单元导学】

第 3 章思维导图如图 3-1 所示。

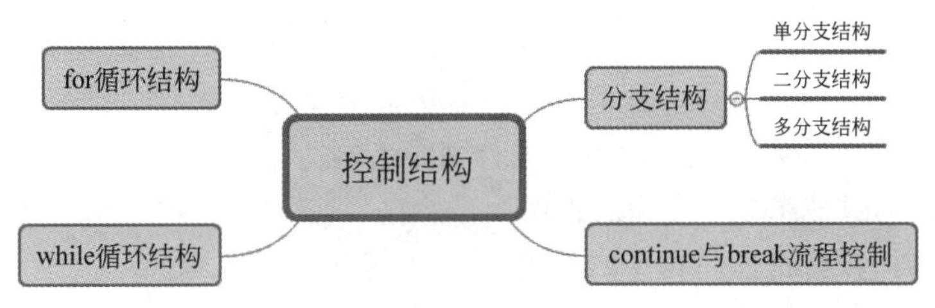

图 3-1　第 3 章思维导图

本章重点包括：

顺序结构、分支结构和循环结构的区别。

本章难点包括：

分支结构条件语句的用法、循环结构控制语句的用法。

【知识回顾】

第 2 章重点介绍了 Python 的基本语法和数据结构，请回忆第 2 章的内容，编写代码，实现录入学生成绩与计算总分及平均分的功能。

代码案例：

```
nat=input("请输入语文成绩:")
math=input("请输入数学成绩:")
eng=input("请输入英语成绩:")
sum=int(nat)+int(math)+int(eng)     #输入值需转换为整型
average=sum/3
print("成绩总分:%d, 平均成绩:%5.2f" %(sum, average))
```

【学前准备】

第 2 章介绍了 Python 的基本语法和数据结构，这些基本语法的代码都是一行一行地由上往下依次执行的，这种形式的代码称为顺序结构。但是，在真正的编码环境中，顺序结构并不能实现多种自动化的任务，而计算机可以通过条件判断或者循环控制完成复杂的任务。

为了更好地学习本章知识，请做到：

1. 复习变量、数据类型、表达式、操作数、运算符等概念。
2. 查阅 range()函数等常用函数。
3. 查阅顺序结构、分支结构和循环结构的特点和相关语句的用法。

实验 3-1　单分支结构

【实验目的】

1. 掌握单分支结构的使用方法。
2. 熟悉 if 语句缩进、冒号等使用要求。

【实验内容】

1. 在 IDLE 中编写程序，实现单分支条件判断语句。
2. 实现判断考试成绩是否合格的程序。
3. 实现布尔操作符在 if 结构中的应用。
4. 实现登录密码验证程序。

【实验步骤】

1. 在 Windows 的“开始”菜单中启动 IDLE 交互环境。
2. 在 IDLE 交互环境中选择 File→New File 菜单项打开代码编辑器。
3. 在代码编辑器中输入以下代码：

```
x=70
if x>=60:        #当 x>=60 时，输出"成绩合格"
print('成绩合格')
```

注意：若条件表达式的值为 True，则执行程序块的操作；若条件表达式的值为 False，则不执行程序块的操作。

4. 在 IDLE 交互环境中选择 File→Save 菜单项，将文件保存为“实验 3-1-1.py”。
5. 在 IDLE 交互环境中选择 Run→Run Module 菜单项，运行代码，得到输出结果：

```
Python 3.7.3 (default, Apr 24 2019, 15:29:51) [MSC v.1915 64 bit (AMD64)] on win32
Type "help", "copyright", "credits" or "license()" for more information.
>>>
=====================RESTART: F: \实验 3-1-1.py=====================
成绩合格
>>>
```

Python 条件语句是通过一条或多条语句的执行结果(True 或者 False)来决定执行的代码块的。Python 分支结构中,判断条件以英文冒号(:)结尾,表示接下来是满足条件后要执行的语句块。Python 使用缩进来划分语句块,相同缩进数的语句一起组成一个语句块。分支结构中的逻辑代码块,以相对于条件语句向右 4 个空格或 1 个 tab 为分隔符(建议使用 4 个空格,tab 在不同的系统中表现不一致可能引起混乱,影响代码的跨平台性)。

注意:if 语句后面的冒号(:)不能省略。条件表达式可以是关系表达式,如"x>60",也可以是逻辑表达式,如"x>60 or x<70"。如果程序块内只有一行代码,则可以合并为一行,直接写成如下格式:

```
if(条件表达式):代码
```

6. 继续在代码编辑器中输入以下代码:

```
#判断正确
if 2>1 and not 2>3:
print('判断正确!')
```

7. 在 IDLE 交互环境中选择 File→Save 菜单项,将文件保存为"实验 3-1-2.py"。

8 .在 IDLE 交互环境中选择 Run→Run Module 菜单项,运行代码,得到输出结果:

```
判断正确!
```

以上实例表明,单个 if 语句中的条件表达式可以通过布尔操作符 and、or 和 not 实现多重条件判断。

9. 继续在代码编辑器中输入以下代码:

```
#实现验证输入密码的功能
password=input("请输入密码: ")
if(password=="123456"):
print("登录成功!")
```

注意:代码 password=="123456"中,一个等号与两个等号的区别。因为程序块内只有一行代码,所以还可以将以上代码写成一行:

```
if(password=="123456"):print("登录成功!")
```

10. 在 IDLE 交互环境中选择 File→Save 菜单项,将文件保存为"实验 3-1-3.py"。

11. 在 IDLE 交互环境中选择 Run→Run Module 菜单项,运行代码,并输入密码"123456",得到输出结果:

```
请输入密码: 123456
登录成功!
```

如果用户输入了错误的密码,则程序不输出任何字符,并结束退出。很显然,这样的程序不够人性化,应该考虑到用户输入不正确密码的可能性,一旦密码不正确,应及时提醒用户出现问题的原因,所以就需要二分支条件语句来完善程序的功能。

实验 3-2　二分支结构

【实验目的】

1. 掌握二分支结构的使用方法。

2. 熟悉 if…else…结构缩进、冒号等使用要求。

【实验内容】

1. 在 IDLE 中编写程序，实现二分支条件判断语句。

2. 实现简单数学逻辑判断的程序。

3. 实现高级验证输入密码的程序。

4. 实现判断一个数字是否为奇数或偶数。

【实验步骤】

1. 在 Windows 的“开始”菜单中，启动 IDLE 交互环境。

2. 二分支结构使用 if…else…结构。Python 提供与 if 搭配使用的 else，如果 if 语句的条件表达式结果为假，那么程序将执行 else 语句后的代码。

3. 在 IDLE 交互环境中选择 File→New File 菜单项打开代码编辑器。

4. 在代码编辑器中输入以下代码：

```
x=-1
#x=-1 条件判断为假,不执行后续缩进内的语句块
if x>0:
    s=x*2
    print(s)
else:
print('x 小于或等于 0 ')
```

5. 在 IDLE 交互环境中选择 File→Save 菜单项，将文件保存为“实验 3-2-1.py”。

6. 在 IDLE 交互环境中选择 Run→Run Module 菜单项，运行代码，得到输出结果：

```
x 小于或等于 0
```

7. 继续在代码编辑器中输入以下代码：

```
#实现验证输入密码的功能
password=input("请输入密码: ")
if(password=="123456"):
    print("登录成功!")
else:
print("密码输入错误!")
```

注意：以上各行代码的缩进位置。

8. 在 IDLE 交互环境中选择 File→Save 菜单项，将文件保存为“实验 3-2-2.py”。

9. 在 IDLE 交互环境中选择 Run→Run Module 菜单项，运行代码，得到输出结果：

```
请输入密码：123
密码输入错误！
>>>
请输入密码：123456
登录成功！
>>>
```

10. 在 IDLE 交互环境中选择 File→New File 菜单项，打开代码编辑器。

11. 在代码编辑器中输入以下代码：

```
#判断该数是奇数还是偶数
#如果该数除以 2 余数为 0，则是偶数
#如果该数除以 2 余数为 1，则是奇数
num=int(input("输入一个数字："))
if (num %2)==0:
  print("{0}是偶数".format(num))
else:
  print("{0}是奇数".format(num))
```

12. 在 IDLE 交互环境中选择 File→Save 菜单项，将文件保存为"实验 3-2-3.py"。

13. 在 IDLE 交互环境中选择 Run→Run Module 菜单项，运行代码，得到输出结果：

```
输入一个数字：2021
2021 是奇数
```

现实中遇到的很多案例需求不仅仅是只判断一个变量，只用双分支结构不能完成所有条件的判断。多样化的需求需要更多的条件判断来运行不同的执行代码，这也需要多分支结构来实现更复杂的功能。

实验 3-3　多分支结构

【实验目的】

1. 掌握多分支结构的使用方法。
2. 熟悉多分支条件判断结构缩进、冒号等使用要求。

【实验内容】

1. 在 IDLE 中编写程序，实现多分支条件判断。
2. 编写根据不同的天气情况做出不同决策的程序。
3. 编写判断输入数字是否可被整除的程序。
4. 编写判断用户输入的年份是否为闰年的程序。

【实验步骤】

1. 在 Windows 的"开始"菜单中，启动 IDLE 交互环境。

2. if语句有一个特点：它是从上往下判断，如果在某个判断上是True，则执行该判断对应的语句后，就忽略掉剩下的elif和else。elif是else if的缩写，可以有多个elif。

3. 在IDLE交互环境中选择File→New File菜单项，打开代码编辑器。

4. 在代码编辑器中输入以下代码：

```
weather=input('输入当前天气：')        #输入'sunny'、'cloudy'或其他
if weather=='sunny':                  #注意缩进规则，同时不要少写冒号
    print('shopping')
elif weather=='cloudy':
    print('playing football')
else:
print('do nothing')
```

5. 在IDLE交互环境中选择File→Save菜单项，将文件保存为"实验3-3-1.py"。

6. 在IDLE交互环境中选择Run→Run Module菜单项，运行代码，得到输出结果：

```
输入当前天气：cloudy
playing football
```

7. 在嵌套if语句中，可以把if…elif…else结构放在另外一个if…elif…else结构中。

8. 在IDLE交互环境中选择File→New File菜单项，打开代码编辑器。

9. 在代码编辑器中输入以下代码：

```
num=int(input("输入一个数字："))
if num%2==0:
    if num%3==0:
        print ("你输入的数字可以整除2和3")
    else:
        print ("你输入的数字可以整除2,但不能整除3")
else:
    if num%3==0:
        print ("你输入的数字可以整除3,但不能整除2")
    else:
        print ("你输入的数字不能整除2和3")
```

10. 在IDLE交互环境中选择File→Save菜单项，将文件保存为"实验3-3-2.py"。

11. 在IDLE交互环境中选择Run→Run Module菜单项，运行代码，得到输出结果：

```
输入一个数字：2021
你输入的数字不能整除2和3
```

12. 闰年是公历中的名词，闰年分为普通闰年和世纪闰年。其中能被4整除但不能被100整除的年份为普通闰年，能被400整除的为世纪闰年。很显然，可以使用多条件结构来分析这一问题。

13. 在IDLE交互环境中选择File→New File菜单项，打开代码编辑器。

14. 在代码编辑器中输入以下代码：

```
year=int(input("输入一个年份："))
if (year %4)==0:
   if (year %100)==0:
       if (year %400)==0:
           print("{0}是闰年".format(year))          #整百年能被 400 整除的是闰年
       else:
           print("{0}不是闰年".format(year))
   else:
       print("{0}是闰年".format(year))              #非整百年能被 4 整除的为闰年
else:
   print("{0}不是闰年".format(year))
```

15. 在 IDLE 交互环境中选择 File→Save 菜单项，将文件保存为"实验 3-3-3.py"。

16. 在 IDLE 交互环境中选择 Run→Run Module 菜单项，运行代码并输入年份，得到输出结果：

```
输入一个年份：2020
2020 是闰年
输入一个年份：2021
2021 不是闰年
```

循环是让计算机做重复任务的有效方法。例如，可以使用循环结构依次取出数组中的元素。Python 的循环命令有两个：for 循环和 while 循环，其中 for 循环用于执行固定次数的循环，while 循环用于执行不固定次数的循环。在 while 和 for 循环过程中，为了更加灵活地控制循环次数，Python 还提供了 break 和 continue 循环控制语句。

注意：Python 中没有 switch…case 语句。

实验 3-4　for 循环结构

【实验目的】

1. 掌握 for 循环结构的使用方法。
2. 熟悉 for 循环结构的注意事项。

【实验内容】

1. 在 IDLE 中编写程序，实现 for 循环结构语句。
2. 实现 0～9 的求和。
3. 实现循环操作字符串。
4. 解决猴子吃桃问题。
5. 判断是否为质数问题。
6. 九九乘法表。

【实验步骤】

1. 在 Windows 的"开始"菜单中，启动 IDLE 交互环境。

2. 在 IDLE 交互环境中选择 File→New File 菜单项，打开代码编辑器。

3. 在代码编辑器中输入以下代码：

```
#实现 0~9 的求和
num=0
for i in range(10):
    num+=i
print(num)
```

注意：for 使用关键字 in 遍历序列，获取元素，由变量 i 表示，以便在之后的逻辑代码块中使用。for 语句以英文冒号结尾，逻辑代码块以 4 个空格或 tab 分隔。执行语句块中的程序全部需要缩进并对齐。

4. 在 IDLE 交互环境中选择 File→Save 菜单项，将文件保存为"实验 3-4-1.py"。

5. 在 IDLE 交互环境中选择 Run→Run Module 菜单项，运行代码，得到输出结果：

```
45
```

6. 在 IDLE 交互环境中选择 File→New File 菜单项，打开代码编辑器。

7. 在代码编辑器中输入以下代码：

```
#利用 for 循环取出每个元素进行操作
sList=['I', 'M', 'A', 'U']
s=''
for x in sList:
    s+=x
print(s)
```

8. 在 IDLE 交互环境中选择 File→Save 菜单项，将文件保存为"实验 3-4-2.py"。

9. 在 IDLE 交互环境中选择 Run→Run Module 菜单项，运行代码，得到输出结果：

```
IMAU
```

10. 在代码编辑器中输入以下代码：

```
for letter in 'Python':
   print ('Current Letter :', letter)
fruits=['banana', 'apple', 'mango']
for fruit in fruits:
   print ('Current fruit :', fruit)
```

11. 在 IDLE 交互环境中选择 File→Save 菜单项，将文件保存为"实验 3-4-3.py"。

12. 在 IDLE 交互环境中选择 Run→Run Module 菜单项，运行代码，得到输出结果：

```
Current Letter : P
Current Letter : y
Current Letter : t
Current Letter : h
Current Letter : o
Current Letter : n
```

```
Current fruit : banana
Current fruit : apple
Current fruit : mango
```

13. 接下来利用 for 循环来解决猴子吃桃问题。

题目：猴子吃桃问题。猴子第一天摘下若干个桃子，当即吃了一半，还不过瘾，又多吃了一个。第二天早上又将剩下的桃子吃掉一半，又多吃了一个。以后每天早上都吃前一天剩下的一半零一个。到第 10 天早上想再吃时，发现只剩下一个桃子了。求第一天共摘了多少个桃子？

解题思路：采取逆向思维的方法，从后往前推断。

14. 在 IDLE 交互环境中选择 File→New File 菜单项，打开代码编辑器。

15. 在代码编辑器中输入以下代码：

```
x2=1
for day in range(9,0,-1):
    x1=(x2+1) * 2
    x2=x1
print(x1)
```

16. 在 IDLE 交互环境中选择 File→Save 菜单项，将文件保存为“实验 3-4-4.py”。

17. 在 IDLE 交互环境中选择 Run→Run Module 菜单项，运行代码，得到输出结果：

```
4
10
22
46
94
190
382
766
1534
```

18. 在 IDLE 交互环境中选择 File→New File 菜单项，打开代码编辑器。

19. 在代码编辑器中输入以下代码：

```
#检测用户输入的数字是否为质数
#用户输入数字
num=int(input("请输入一个数字: "))
#质数大于 1
if num>1:
   #查看因子
   for i in range(2,num):
       if (num %i)==0:
           print(num,"不是质数")
           print(i,"乘以",num/i,"是",num)
           break
   else:
```

```
        print(num,"是质数")

#如果输入的数字小于或等于 1,则不是质数
else:
   print(num,"不是质数")
```

20. 在 IDLE 交互环境中选择 File→Save 菜单项,将文件保存为"实验 3-4-5.py"。
21. 在 IDLE 交互环境中选择 Run→Run Module 菜单项,运行代码,得到输出结果:

```
请输入一个数字: 1
1 不是质数
请输入一个数字: 4
4 不是质数
2 乘以 2 是 4
请输入一个数字: 7
7 是质数
```

22. 在 IDLE 交互环境中选择 File→New File 菜单项,打开代码编辑器。
23. 在代码编辑器中输入以下代码:

```
#九九乘法表
for i in range(1, 10):
    for j in range(1, i+1):
        print('{}x{}={}\t'.format(j, i, i*j), end='')
print()
```

24. 在 IDLE 交互环境中选择 File→Save 菜单项,将文件保存为"实验 3-4-6.py"。
25. 在 IDLE 交互环境中选择 Run→Run Module 菜单项,运行代码,得到输出结果:

```
1×1=1
1×2=2   2×2=4
1×3=3   2×3=6    3×3=9
1×4=4   2×4=8    3×4=12   4×4=16
1×5=5   2×5=10   3×5=15   4×5=20   5×5=25
1×6=6   2×6=12   3×6=18   4×6=24   5×6=30   6×6=36
1×7=7   2×7=14   3×7=21   4×7=28   5×7=35   6×7=42   7×7=49
1×8=8   2×8=16   3×8=24   4×8=32   5×8=40   6×8=48   7×8=56   8×8=64
1×9=9   2×9=18   3×9=27   4×9=36   5×9=45   6×9=54   7×9=63   8×9=72   9×9=81
```

实验 3-5　while 循环结构

【实验目的】

1. 掌握 while 循环结构的使用方法。
2. 熟悉 while 循环结构的注意事项。

【实验内容】

1. 在 IDLE 中编写程序,实现 while 循环结构语句。

2. 实现数列求和运算。
3. 输出斐波那契数列。

【实验步骤】

1. 在 Windows 的“开始”菜单中,启动 IDLE 交互环境。
2. 在 IDLE 交互环境中选择 File→New File 菜单项,打开代码编辑器。
3. 在代码编辑器中输入以下代码:

```
t=10
s=0
while t:
    s=s+t          #也可以写成 s+=t
    t=t-1
print(s)
t=10
s=0
while t>=5 :       #当条件为 True 时,执行循环语句块,否则不执行
    s=s+t          #也可以写成 s+=t
    t=t-1
print(s)
```

注意:执行语句块中的程序全部都要缩进并对齐。
4. 在 IDLE 交互环境中选择 File→Save 菜单项,将文件保存为“实验 3-5-1.py”。
5. 在 IDLE 交互环境中选择 Run→Run Module 菜单项,运行代码,得到输出结果:

```
55
45
```

6. 斐波那契数列指的是这样一个数列:0,1,1,2,3,5,8,13,…。特别指出,第 0 项是 0,第 1 项是第一个 1。从第三项开始,每一项都等于前两项之和。
7. 在 IDLE 交互环境中选择 File→New File 菜单项,打开代码编辑器。
8. 在代码编辑器中输入以下代码:

```
#输出斐波那契数列
#获取用户输入的数据
nterms=int(input("你需要几项?"))
#第一项和第二项
n1=0
n2=1
count=2

#判断输入的值是否合法
if nterms<=0:
  print("请输入一个正整数。")
elif nterms==1:
  print("斐波那契数列: ")
```

```
    print(n1)
else:
    print("斐波那契数列：")
    print(n1,",",n2,end=", ")
    while count<nterms:
        nth=n1+n2
        print(nth,end=", ")
        #更新值
        n1=n2
        n2=nth
        count+=1
```

注意：执行语句块中的程序全部都要缩进并对齐。

9. 在 IDLE 交互环境中选择 File→Save 菜单项，将文件保存为"实验 3-5-2.py"。

10. 在 IDLE 交互环境中选择 Run→Run Module 菜单项，运行代码，得到输出结果：

```
你需要几项？10
斐波那契数列：
0, 1, 1, 2, 3, 5, 8, 13, 21, 34
```

11. 在 IDLE 交互环境中选择 File→New File 菜单项，打开代码编辑器。

12. 在代码编辑器中输入以下代码：

```
#使用 while 计算 1 到 100 的总和：
n=100
sum=0
counter=1
while counter<=n:
    sum=sum+counter
    counter+=1
print("1 到 %d 之和为：%d" %(n,sum))
```

13. 在 IDLE 交互环境中选择 File→Save 菜单项，将文件保存为"实验 3-5-3.py"。

14. 在 IDLE 交互环境中选择 Run→Run Module 菜单项，运行代码，得到输出结果：

```
1 到 100 之和为：5050
```

实验 3-6 continue 与 break 流程控制语句

【实验目的】

1. 掌握 continue 结构的使用方法。
2. 掌握 break 结构的使用方法。
3. 对比 continue 结构和 break 结构。

【实验内容】

1. 在 IDLE 中编写程序，实现 continue 与 break 流程控制语句。

2. 实现奇数序列输出。

3. 实现 continue 与 break 跳出循环语句。

【实验步骤】

1. 在 Windows 的“开始”菜单中，启动 IDLE 交互环境。

2. 在 IDLE 交互环境中选择 File→New File 菜单项，打开代码编辑器。

3. 在代码编辑器中输入以下代码：

```
num=1
while True:            #条件始终为真，执行循环语句，直到出现 break 退出循环
    if num>10:
        break
    elif num%2==0:
        num +=1
        continue
    else:
        print('num的值为',num)
        num +=1
```

注意：continue 语句用来跳过当前循环语句块中的剩余语句，然后继续进行下一轮循环。break 语句可以跳出 for 和 while 的循环体，所以 continue 可用作过滤条件，break 用于触发跳出循环的条件，如果从 for 或 while 循环中终止，对应的循环 else 语句块将不执行。

4. 在 IDLE 交互环境中选择 File→Save 菜单项，将文件保存为“实验 3-6-1.py”。

5. 在 IDLE 交互环境中选择 Run→Run Module 菜单项，运行代码，得到输出结果：

```
num的值为 1
num的值为 3
num的值为 5
num的值为 7
num的值为 9
```

6. 在 IDLE 交互环境中选择 File→New File 菜单项，打开代码编辑器。

7. 在代码编辑器中输入以下代码：

```
#continue: 在循环体中，跳过 i==5 的循环，继续执行之后的所有循环
for i in range(0, 10):
    if i==5:
        continue
print (i)
```

8. 在 IDLE 交互环境中选择 File→Save 菜单项，将文件保存为“实验 3-6-2.py”。

9. 在 IDLE 交互环境中选择 Run→Run Module 菜单项，运行代码，得到输出结果：

```
0
1
2
```

```
3
4
6
7
8
9
```

10. 在 IDLE 交互环境中选择 File→New File 菜单项,打开代码编辑器。

11. 在代码编辑器中输入以下代码:

```
#break: 直接跳出循环
for i in range(0, 10):
    if i==5:
        break
print (i)
```

12. 在 IDLE 交互环境中选择 File→Save 菜单项,将文件保存为"实验 3-6-3.py"。

13. 在 IDLE 交互环境中选择 Run→Run Module 菜单项,运行代码,得到输出结果:

```
0
1
2
3
4
```

通过以上两个案例,可以分析对比 continue 与 break 跳出循环语句的区别。break 跳出整个循环,而 continue 跳出本次循环。break 和 continue 语句可以用在 while 和 for 循环中。

14. 在 IDLE 交互环境中选择 File→New File 菜单项,打开代码编辑器。

15. 在代码编辑器中输入以下代码:

```
n=10
while n>2:
    n=n-1
    if n==5:
        break
    print('n=',n)

print('.........')
n=10
while n>2:
    n=n-1
    if n==5:
        continue
print('n=',n)
```

16. 在 IDLE 交互环境中选择 File→Save 菜单项,将文件保存为"实验 3-6-4.py"。

17. 在 IDLE 交互环境中选择 Run→Run Module 菜单项，运行代码，得到输出结果：

```
n=9
n=8
n=7
n=6
.........
n=9
n=8
n=7
n=6
n=4
n=3
n=2
```

可以看到，break 语句遇到 5 就停止了循环，而 continue 语句遇到 5 仅跳过本次循环，并继续运行程序。

18. for 循环和 while 循环中也会使用到 else 的扩展用法。其中 else 中的程序只在一种条件下执行，即循环正常遍历所有内容或者由于条件不成立而结束循环，且没有因 break 或者 return 而退出循环。若在循环程序块中使用 continue 语句，仍会继续执行 else 中的内容。可以通过以下示例进一步加深理解：

19. 在 IDLE 交互环境中选择 File→New File 菜单项，打开代码编辑器。

20. 在代码编辑器中输入以下代码：

```
for i in "python":
    if i=="t":
        continue
    print(i, end="")
else:
    print("程序正常退出")
```

21. 在 IDLE 交互环境中选择 File→Save 菜单项，将文件保存为"实验 3-6-5.py"。

22. 在 IDLE 交互环境中选择 Run→Run Module 菜单项，运行代码，得到输出结果：

```
pyhon 程序正常退出
```

23. 在 IDLE 交互环境中选择 File→New File 菜单项，打开代码编辑器。

24. 在代码编辑器中输入以下代码：

```
for i in "python":
    if i=="t":
        break
    print(i, end="")
else:
    print("程序正常退出")
```

25. 在 IDLE 交互环境中选择 File→Save 菜单项，将文件保存为"实验 3-6-6.py"。

26. 在 IDLE 交互环境中选择 Run→Run Module 菜单项，运行代码，得到输出结果：

```
py
```

实验 3-7　分支结构综合案例

【实验目的】

1. 掌握分支结构的使用方法。
2. 熟悉分支条件判断结构缩进、冒号等使用要求。

【实验内容】

1. 在 IDLE 中编写程序，实现未成年人的年龄判断语句。
2. 编写 BMI 指数计算程序。
3. 编写判断输入数字是否可被整除的程序。
4. 编写具有简单数学逻辑运算功能的程序。

【实验步骤】

1. 在 Windows 的"开始"菜单中，启动 IDLE 交互环境。
2. 在 IDLE 交互环境中选择 File→New File 菜单项，打开代码编辑器。
3. 在代码编辑器中输入以下代码：

```
age=input("Please input your age: ")
age=int(age)
if age>=18:
    print('your age is', age)
    print('adult')
else:
    print('your age is', age)
print('teenager')
```

4. 在 IDLE 交互环境中选择 File→Save 菜单项，将文件保存为"实验 3-7-1.py"。

5. 在 IDLE 交互环境中选择 Run→Run Module 菜单项，运行以下代码，并输入年龄 17 和 20，观察输出结果。

```
Please input your age: 17
your age is 17
teenager
>>>
Please input your age: 20
your age is 20
adult
```

6. 在 IDLE 交互环境中选择 Run→Run Module 菜单项，运行代码，并输入年龄 0.5，观察输出结果：

```
Please input your age: 0.5
Traceback (most recent call last):
  File "F:/ python/实验 3-7-1.py", line 2, in<module>
    age=int(age)
ValueError: invalid literal for int() with base 10: '0.5'
```

运行后程序报错，提示 0.5 是错误的整型变量，进一步修改程序，将类型修改为 float，并加入正数的判断。代码如下：

```
age=input("Please input your age: ")
age=float(age)
if age>=18:
    print('your age is', age)
    print('adult')
elif age>=0:
    print('your age is', age)
    print('teenager')
else:
print('input error! ')
```

7. 在 IDLE 交互环境中选择 Run→Run Module 菜单项，运行代码，并输入年龄 12.0 和 18.2，观察输出结果：

```
Please input your age: 12.0
your age is 12.0
teenager
>>>
Please input your age: 18.2
your age is 18.2
adult
>>>
Please input your age:imau
Traceback (most recent call last):
  File "F: /python/实验 3-7-1.py", line 2, in<module>
    age=float(age)
ValueError: could not convert string to float: 'imau'
```

运行后，如果用户输入字符串，这个程序将会报错，无法转换字符串类型，而这样的问题往往采用异常处理方法予以解决。请参考异常处理相关章节的介绍。

继续尝试以下练习。

小明身高 1.75m，体重 80.5kg。请根据 BMI 公式$\left(\text{BMI 指数}=\frac{\text{体重}}{\text{身高}^2}\right)$计算小明的 BMI 指数。BMI 指数的取值分为以下 5 种情况。

- 低于 18.5：过轻。
- 18.5～25：正常。

- 25～28：过重。
- 28～32：肥胖。
- 高于 32：严重肥胖。

8. 在 Windows 的“开始”菜单中，启动 IDLE 交互环境。

9. 在 IDLE 交互环境中选择 File→New File 菜单项，打开代码编辑器。

10. 在代码编辑器中输入以下代码：

```
height=float(input('请输入你的身高(m): '))
weight=float(input('请输入你的体重(kg): '))
BMI=weight/(height**2)
if BMI<18.5:
    print('过轻')
elif BMI<=24.9:
    print('正常')
elif BMI<=27.9:
    print('过重')
elif BMI<=32:
    print('肥胖')
else:
print('严重肥胖')
```

11. 在 IDLE 交互环境中选择 File→Save 菜单项，将文件保存为“实验 3-7-2.py”。

12. 在 IDLE 交互环境中选择 Run→Run Module 菜单项，运行代码，并输入小明身高 1.75m，体重 80.5kg，观察输出结果：

```
请输入你的身高(m): 1.75
请输入你的体重(kg): 80.5
过重
```

13. 在 IDLE 交互环境中选择 File→New File 菜单项，打开代码编辑器。

14. 在代码编辑器中输入以下代码：

```
#写出判断一个数是否能够被 3 或者 7 整除
#但是不能同时被 3 或者 7 整除的条件语句
x=int(input('请输入一个数字: '))
if x %3==0 or x %7==0:
    if x %3==0 and x %7==0:
        print('False')
    else:
        print('True')
else:
print('False')
```

15. 在 IDLE 交互环境中选择 File→Save 菜单项，将文件保存为“实验 3-7-3.py”。

16. 在 IDLE 交互环境中选择 Run→Run Module 菜单项，运行代码，得到输出结果：

```
请输入一个数字: 21
False
```

17. 还可以将该案例简写为以下代码，以达到相同的效果：

```
x=int(input('请输入一个数字: '))
print((x %3==0 or x %7==0) and (x %3 !=0 or x %7 !=0))
```

18. 在 IDLE 交互环境中选择 File→New File 菜单项，打开代码编辑器。
19. 在代码编辑器中输入以下代码：

```
#输入两个整数,如果两个数相减的结果为奇数,则输出该结果
#否则输出提示信息"结果不是奇数"
x=int(input('请输入一个数字 x:'))
y=int(input('请输入一个数字 y:'))
z=x -y
if z %2 !=0:
    print(z)
else:
print('结果不是奇数')
```

20. 在 IDLE 交互环境中选择 File→Save 菜单项，将文件保存为“实验 3-7-4.py”。
21. 在 IDLE 交互环境中选择 Run→Run Module 菜单项，运行代码，得到输出结果：

```
请输入一个数字 x: 4
请输入一个数字 y: 1
3
```

实验 3-8　循环结构综合案例

【实验目的】

1. 练习分支结构的使用方法。
2. 掌握循环结构的使用方法。

【实验内容】

1. 在 IDLE 中编写程序，利用循环结构实现猜商品价格游戏，要求：随机生成一个 100～200 元的商品价格，由玩家猜商品的价格。计算机根据玩家猜的数字分别给出提示：“价格猜高了”“价格猜低了”或“恭喜猜对了！”。

2. 统计 100 以内个位数是 2 并且能够被 3 整除的数的个数。
3. 输入任意一个正整数，求它是几位数。
4. 实现水仙花数问题。
5. 统计 1～100 中素数的个数，并且输出所有的素数。
6. 解决鸡兔同笼问题。
7. 解决折纸厚度问题。

【实验步骤】

1. 在 Windows 的“开始”菜单中,启动 IDLE 交互环境。

2. 在 IDLE 交互环境中选择 File→New File 菜单项,打开代码编辑器。

3. 在代码编辑器中输入以下代码:

```
import random
answer=random.randint(100,200)
counter=0
while True:
    counter+=1
    number=int(input('请输入商品的价格: '))
    if number>answer:
        print('价格猜高了')
    elif number<answer:
        print('价格猜低了')
    else:
        print('恭喜猜对了!')
        break
print('你总共猜了%d次' %counter)
if counter>7:
print('猜错次数大于7次,请继续努力! ')
```

4. 在 IDLE 交互环境中选择 File→Save 菜单项,将文件保存为“实验 3-8-1.py”。

5. 在 IDLE 交互环境中选择 Run→Run Module 菜单项,运行代码,得到输出结果:

```
请输入商品的价格: 100
价格猜低了
请输入商品的价格: 170
价格猜高了
请输入商品的价格: 130
价格猜低了
请输入商品的价格: 150
价格猜低了
请输入商品的价格: 165
价格猜高了
请输入商品的价格: 157
价格猜低了
请输入商品的价格: 160
价格猜高了
请输入商品的价格: 159
恭喜猜对了!
你总共猜了 8 次
猜错次数大于 7 次,请继续努力!
```

6. 在 IDLE 交互环境中选择 File→New File 菜单项,打开代码编辑器。

7. 在代码编辑器中输入以下代码：

```
#统计 100 以内个位数是 2 并且能够被 3 整除的数的个数
sum=0
for x in range(0,100):
    if x %3==0 and x %10==2:
        sum+=1
print(sum)
```

8. 在 IDLE 交互环境中选择 File→Save 菜单项，将文件保存为“实验 3-8-2.py”。
9. 在 IDLE 交互环境中选择 Run→Run Module 菜单项，运行代码，得到输出结果：

```
3
```

10. 在 IDLE 交互环境中选择 File→New File 菜单项，打开代码编辑器。
11. 在代码编辑器中输入以下代码：

```
#输入任意一个正整数，求它是几位数
sum=0
x=int(input('请输入一个正整数：'))
while x !=0:
        sum+=1
        x=x // 10
print('这是{sum}位数')
```

12. 在 IDLE 交互环境中选择 File→Save 菜单项，将文件保存为“实验 3-8-3.py”。
13. 在 IDLE 交互环境中选择 Run→Run Module 菜单项，运行代码，得到输出结果：

```
请输入一个正整数：2021
这是 4 位数
```

以下代码也可以实现同样的效果：

```
num=int(input('请输入一个正整数:'))
count=0        #表示个数
while True:
    count+=1
    num //=10
    if num==0:
        break
print('您输入的数字是', count, '位数')
```

14. 在 IDLE 交互环境中选择 File→New File 菜单项，打开代码编辑器。
15. 在代码编辑器中输入以下代码：

```
#水仙花数是三位数，每个数的三次方之和等于它本身
for a in range(1,10):
    for b in range(0,10):
        for c in range(0,10):
```

```
        s1=a * 100+b * 10+c
        s2=pow(a,3)+pow(b,3)+pow(c,3)
        if s1==s2:
            print('水仙花数:', s1)
```

16. 在 IDLE 交互环境中选择 File→Save 菜单项,将文件保存为"实验 3-8-4.py"。

17. 在 IDLE 交互环境中选择 Run→Run Module 菜单项,运行代码,得到输出结果:

```
水仙花数: 153
水仙花数: 370
水仙花数: 371
水仙花数: 407
```

以下代码也可以实现同样的效果:

```
for i in range(100, 1000):
    ge=i %10
    shi=i // 10 %10
    bai=i // 100
    if ge ** 3+shi ** 3+bai ** 3==i:
        print(i)
```

18. 在 IDLE 交互环境中选择 File→New File 菜单项,打开代码编辑器。

19. 在代码编辑器中输入以下代码:

```
#统计 1~100 中素数的个数,并且输出所有的素数
for i in range(2, 101):
    for j in range(2, int(i ** 0.5)+1):
        if i%j==0:  #i 除以某一个数字,若可以除尽,则 i 是合数
            break   #break 放在内循环里,用来结束内循环
    else:
        #for…else 语句:当循环里的 break 没有被执行时,就会执行 else
        print(i, '是质数')
```

20. 在 IDLE 交互环境中选择 File→Save 菜单项,将文件保存为"实验 3-8-5.py"。

21. 在 IDLE 交互环境中选择 Run→Run Module 菜单项,运行代码,得到输出结果:

```
2 是质数
3 是质数
5 是质数
…
83 是质数
89 是质数
97 是质数
```

22. 在 IDLE 交互环境中选择 File→New File 菜单项,打开代码编辑器。

23. 在代码编辑器中输入以下代码:

```
#"鸡兔同笼问题"是我国《孙子算经》中著名的数学问题,其内容是:"今有雉(鸡)兔同笼,上有三十
```

五头,下有九十四足,问雉兔各几何”。

```
for x in range(36):
    for y in range(36):
        if x+y==35 and 2 * x+4 * y==94:
            print('鸡:%d只,兔:%d只'%(x, y))
```

24. 在 IDLE 交互环境中选择 File→Save 菜单项,将文件保存为“实验 3-8-6.py”。
25. 在 IDLE 交互环境中选择 Run→Run Module 菜单项,运行代码,得到输出结果:

```
鸡:23只,兔:12只
```

以下代码也可以实现同样的效果:

```
for x in range(36):
    y=35-x
    if 2 * x+4 * y==94:
            print('鸡:{x}只,兔:{y}只')  #带格式的字符串
```

26. 在 IDLE 交互环境中选择 File→New File 菜单项,打开代码编辑器。
27. 在代码编辑器中输入以下代码:

```
#一张纸的厚度大约是 0.08mm,对折多少次之后能达到珠穆朗玛峰的高度(8848.86m)?
height=0.08 / 1000
count=0
while True:
    height *=2
    count+=1
    if height>=8848.86:
        break
print(count)
```

28. 在 IDLE 交互环境中选择 File→Save 菜单项,将文件保存为“实验 3-8-7.py”。
29. 在 IDLE 交互环境中选择 Run→Run Module 菜单项,运行代码,得到输出结果:

```
27
```

习　　题

一、判断题

1. 程序的三种基本结构为顺序结构、循环结构、分支结构。 (　　)
2. 死循环无法退出,没有任何作用。 (　　)
3. 缩进是用来判断当前 Python 语句在分支结构中。 (　　)
4. 控制结构可以用来更改程序的执行顺序。 (　　)
5. continue 语句用于结束循环,继续执行循环语句的后续语句。 (　　)
6. continue 语句类似于 break 语句,也必须在 for、while 循环中使用。 (　　)
7. 当多个循环语句彼此嵌套时,break 语句只适用于最外层的语句。 (　　)

8. 条件循环一直保持循环操作,直到循环条件满足才结束。 (　　)

9. 条件循环不需要事先确定循环次数。 (　　)

10. 使用 for 语句不会出现死循环。 (　　)

二、选择题

1. (　　)是实现多路分支的最佳控制结构。

A. if　　　　B. if…elif…else

C. try　　　　D. if…else

2. 下面不属于程序的基本控制结构的是(　　)。

A. 顺序结构　　　　B. 选择结构

C. 循环结构　　　　D. 输入输出结构

3. 以下关于 Python 语句的叙述中,正确的是(　　)。

A. 同一层次的 Python 语句必须对齐

B. Python 语句可以从一行的任意一列开始

C. 在执行 Python 语句时,可发现注释中的拼写错误

D. Python 程序的每行只能写一条语句

4. 以下关于 Python 的控制结构,错误的是(　　)。

A. 每个 if 条件后都要使用冒号

B. Python 中没有 switch…case 语句

C. Python 中的 pass 是空语句,一般用作占位语句

D. elif 可以单独使用

5. 关于分支结构,以下选项中描述不正确的是(　　)。

A. if 语句中的条件部分可以使用任何能够产生 True 和 False 的语句和函数

B. 二分支结构有一种紧凑形式,使用保留字 if 和 elif 实现

C. 多分支结构用于设置多个判断条件,以及对应的多条执行路径

D. if 语句中的语句块执行与否依赖于条件判断

三、编程题

1. 求 100 以内素数之和。

分析:

求 100 以内所有素数之和并输出。

素数指大于 1,且仅能被 1 和自己整除的整数。

可以逐一判断 100 内每个数是否为素数,然后求和。

输入样例:

```
无
```

输出样例:

```
1234(示例)
```

2. 编写程序,实现求阶乘运算。

分析:

输入一个正整数 num,计算这个正整数的阶乘,并将计算结果输出。

输入样例：

```
10
```

输出样例：

```
32(此数仅为示例)
```

3. 求 π 的近似值。

分析：

输入精度 e，使用格雷戈里公式求 π 的近似值，精确到最后一项的绝对值小于 e。

格雷戈里公式如下：

$$\pi/4 = 1 - 1/3 + 1/5 - 1/7 + 1/9 + \cdots + 1/(2 * n - 1)$$

注意：n 从 1 开始。

输入样例：

```
在第一行中给出精度 e。
```

输出样例：

```
对于给定的输入，在一行中输出 π 的近似值。
```

4. 求篮球弹跳的高度。

分析：

篮球从一定高度向下掉落，每次弹起的高度都是前一次高度的一半。一次掉落和一次弹起即一次弹跳。假设篮球的初始高度为 10m。

输入篮球弹跳的次数 num，计算 num 次后篮球所在的高度，并将计算结果输出。

输入样例：

```
5
```

输出样例：

```
1(此数仅为示例)
```

第 4 章　组合数据类型

【学习目标】

通过本章的学习，达到如下学习目标：

1. 掌握元组和列表等序列结构，以及字符串、字典和集合数据结构的创建、表示及操作方法。

2. 理解列表推导式和表达式等语法结构。

【单元导学】

第 4 章思维导图如图 4-1 所示。

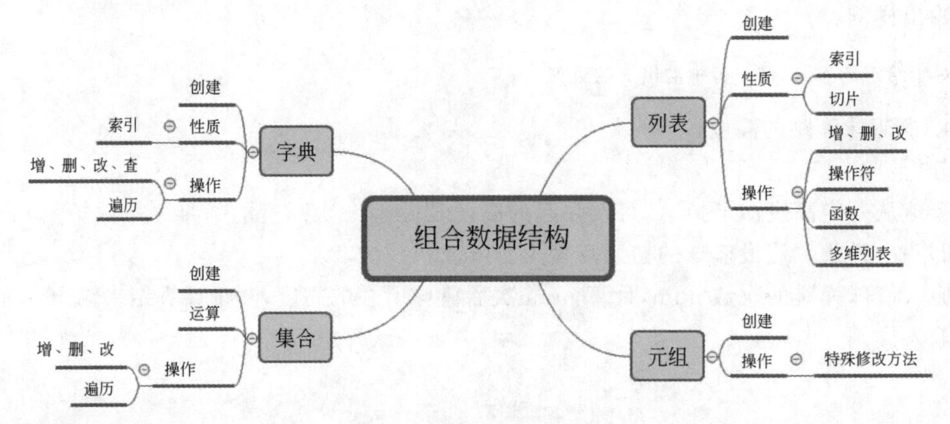

图 4-1　第 4 章思维导图

本章重点：列表、元组、字典和集合数据结构的创建与查询等操作方法。

本章难点：熟练掌握不同数据结构的创建与使用方法的差异。

【知识回顾】

第 3 章介绍了程序流程的基本概念和 3 种程序流程控制结构的用法与区别（if 选择控制语句，for 及 while 循环控制语句）。编写一个实现猜年龄的小程序。

代码案例：

```
age=21
count=0
while True:
    user_age=int(input('input your age:'))
    if user_age>age:
        count+=1
        print(count)
```

```
        print('try smaller')
        if count>2:
            break
    elif user_age<age:
        count+=1
        print(count)
        print('try bigger')
        if count>2:
            break
    else:
        user_age=age
        print('you got it!')
        break
```

【学前准备】

在学习数学时有整数、浮点数等这些基本的数据类型，还有数组等这种高级的数据类型供我们处理一些复杂的数据问题使用。第3章已经介绍了Python的变量数据类型，包括整型、浮点型、复数、字符串和布尔型，这些类型的结构都比较简单。Python高级编程语言当然也支持这些中高级数据结构，包括列表、元组、字典和集合等数据结构。

为了更好地完成本章的学习，首先须做到：

1. 复习变量、数据类型、表达式、操作数、运算符等概念。
2. 查阅pop()方法、get()方法等常用函数，了解append()和extend()方法的区别。
3. 查阅字典、集合、列表和元组的操作方法。

实验4-1　列表的使用

列表(list)作为Python内置的一种最基本的高级数据结构，是Python中使用最频繁的数据类型，使用中括号"[ ]"标识，其中内部元素使用逗号分隔。内部元素可以是任何类型，它支持字符、数字、字符串，甚至可以包含列表(即嵌套)，也可以只包含空。列表可以完成大多数集合类的数据结构实现，是一种可变有序的集合，可以随时添加和删除其中的元素。列表可以进行的操作包括索引、切片、加、乘、检查成员。此外，Python还内置了确定序列的长度，以及寻找最大元素和最小元素的方法等。

【实验目的】

1. 掌握列表的创建方法。
2. 掌握列表的索引切片使用方法。
3. 掌握列表的增、删、改方法。
4. 掌握列表的操作符使用方法。
5. 掌握列表的函数使用方法。

6. 掌握二维列表的使用方法。

【实验内容】

1. 在 IDLE 中编写程序，练习列表创建语句。
2. 练习列表的索引切片方法。
3. 练习列表的增、删、改方法。
4. 练习列表的操作符使用方法。
5. 练习列表的函数使用方法。
6. 练习二维列表的使用方法。
7. 编写程序，解决实际问题。

【实验步骤】

1. 在 Windows 的“开始”菜单中，启动 IDLE 交互环境。

2. 创建列表的方法 1：列表对象名称=[元素 1，元素 2，…，元素 *N*]。

3. 在 IDLE 交互环境中输入以下代码，并按 Enter 键运行，得到输出结果。

```
>>>list1=[10,9,8,7,6]
>>>list1
[10, 9, 8, 7, 6]
>>>list=["apple", "banana", "cherry"]
>>>list
['apple', 'banana', 'cherry']
>>>list=['physics', 'chemistry', 2021, 'cs']
>>>list
['physics', 'chemistry', 2021, 'cs']
```

4. 创建列表的方法 2：使用 list()函数(可以是 range 可迭代对象，也可以是字符串)。

```
>>>list(range(10))
[0, 1, 2, 3, 4, 5, 6, 7, 8, 9]
>>>list('10,9,8,7,6,5')
['1', '0', ',', '9', ',', '8', ',', '7', ',', '6', ',', '5']
```

5. 创建列表的方法 3：使用推导式。

```
>>>[i * -1 for i in range(10)]
[0, -1, -2, -3, -4, -5, -6, -7, -8, -9]
```

6. 列表中值的切割也可以用到[头下标 : 尾下标 : 步长]，可以按照左闭右开原则截取相应的列表，只有第一个冒号是必须有的。与字符串的索引一样，列表索引从 0 开始，第二个索引是 1，以此类推。索引也可以从尾部开始，最后一个元素的索引为−1，其前一个元素的索引为−2，当第一个冒号之前没有数字时，默认补 0。在 IDLE 交互环境中输入以下代码，并按 Enter 键运行，可得到如下的输出结果。

```
>>>ListX=list(range(10))
```

```
>>>ListX
[0, 1, 2, 3, 4, 5, 6, 7, 8, 9]
>>>ListX[0]
0
>>>ListX[1:3]
[1, 2]
>>>ListX[2:8:2]
[2, 4, 6]
>>>ListX[-5:-2]
[5, 6, 7]
```

7. 可以对列表的数据项进行修改或更新，也可以使用 append()方法添加列表项，可以在列表的末尾添加一个元素。insert()用于在指定位置添加元素。在 IDLE 交互环境中输入以下代码，并按 Enter 键运行，得到输出结果。

```
>>>ListX.append(100)
>>>ListX
[0, 1, 2, 3, 4, 5, 6, 7, 8, 9, 100]
>>>ListX.append(['a,b,c'])
>>>ListX
[0, 1, 2, 3, 4, 5, 6, 7, 8, 9, 100, ['a,b,c']]
>>>ListX.insert(3,'hello')
>>>ListX
[0, 1, 2, 'hello', 3, 4, 5, 6, 7, 8, 9, 100, ['a,b,c']]
```

8. 上例实现了在列表尾部增加 100，也可以增加一个列表['a,b,c']，还可以在指定索引位置增加字符串'hello'。继续在 IDLE 交互环境中输入以下代码，并按 Enter 键运行，得到输出结果。

```
>>>ListX.remove(100)
>>>ListX
[0, 1, 2, 'hello', 3, 4, 5, 6, 7, 8, 9, ['a,b,c']]
>>>ListX.pop()
['a,b,c']
>>>ListX
[0, 1, 2, 'hello', 3, 4, 5, 6, 7, 8, 9]
```

这里实现了在列表中删除元素 100，并移除了末尾的值['a,b,c']。

9. 列表有很多操作符，其中列表用法“+”和“*”与字符串类似，+号用于组合列表，*号用于重复列表，也有 in /not in 操作。继续在 IDLE 交互环境中输入以下代码，并按 Enter 键运行，得到输出结果。

```
>>>ListX+list1
[0, 1, 2, 'hello', 3, 4, 5, 6, 7, 8, 9, 10, 9, 8, 7, 6]
>>>ListX*2
[0, 1, 2, 'hello', 3, 4, 5, 6, 7, 8, 9, 0, 1, 2, 'hello', 3, 4, 5, 6, 7, 8, 9]
>>>100 inListX
```

```
False
```

10. Python包含以下几个列表函数。

len(list)：获取列表元素的个数；

max(list)：获取列表中的最大值；

min(list)：获取列表中的最小值；

list(seq)：将元组对象转换成列表对象。

count(obj)：统计某个元素在列表中出现的次数；

index(obj)：从列表中找出与某个值匹配的第一个索引位置；

reverse()：反向显示列表中的元素；

sort()：对列表进行排序。

选取部分函数作为实验案例，继续在IDLE交互环境中输入以下代码，并按Enter键运行，得到输出结果。

```
>>>len(ListX)
11
>>>max(list1)
10
>>>ListX.count(6)
1
>>>ListX.index(9)
10
>>>list1.sort()
>>>list1
[6, 7, 8, 9, 10]
```

11. list元素也可以是另一个list。继续在IDLE交互环境中输入以下代码，并按Enter键运行，得到输出结果。

```
>>>s=['python', 'java', ['asp', 'php'], 'scheme']
>>>len(s)
4
```

注意：s只有4个元素，其中s[2]又是一个list，如果拆开写，就更容易理解了：

```
>>>p=['asp', 'php']
>>>s=['python', 'java', p, 'scheme']
>>>p[1]
'php'
>>>s[2][1]
'php'
```

为了获取'php'，可以写p[1]或者s[2][1]，因此s可以看成一个二维数组，类似的还可以推广到三维、四维等多维数组。

12. 接下来利用Python列表功能，编程解决一些实际问题。

13. 在Windows的“开始”菜单中，启动IDLE交互环境。

14. 在 IDLE 交互环境中选择 File→New File 菜单项，打开代码编辑器。

15. 在代码编辑器中输入以下代码：

```
#输入 3 个整数 x、y、z，请把这 3 个数由小到大输出
l=[]
for i in range(3):
    x=int(input('integer:\n'))
    l.append(x)
l.sort()
print (l)
```

16. 在 IDLE 交互环境中选择 File→Save 菜单项，将文件保存为“实验 4-1-1.py”。

17. 在 IDLE 交互环境中选择 Run→Run Module 菜单项，运行代码，得到输出结果：

```
integer:
8
integer:
5
integer:
6
[5, 6, 8]
```

18. 在 IDLE 交互环境中选择 File→New File 菜单项，打开代码编辑器。

19. 在代码编辑器中输入以下代码：

```
#篮球从 100m 高度自由落下，每次落地后反跳回原高度的一半；再落下，求它在第 10 次落地时，共经过多少 m？第 10 次反弹多高？
tour=[]
height=[]
hei=100.0            #起始高度
tim=10               #次数
for i in range(1, tim+1):
    #从第二次开始，落地时的距离应该是反弹高度乘以 2(弹到最高点再落下)
    if i==1:
        tour.append(hei)
    else:
        tour.append(2 * hei)
    hei /=2
    height.append(hei)
print('总高度: tour={0}'.format(sum(tour)))
print('第 10 次反弹高度: height={0}'.format(height[-1]))
```

20. 在 IDLE 交互环境中选择 File→Save 菜单项，将文件保存为“实验 4-1-2.py”。

21. 在 IDLE 交互环境中选择 Run→Run Module 菜单项，运行代码，得到输出结果：

```
总高度: tour=299.609375
第 10 次反弹高度: height=0.09765625
```

22. 在 IDLE 交互环境中选择 File→New File 菜单项，打开代码编辑器。

23. 在代码编辑器中输入以下代码：

```
#产生一个列表,代表某班级 40 人的分数,每个元素是随机生成的 50~100 的一个随机整数,请计算
#成绩低于平均分的学生人数
import random
score=[]
#循环 40 次
for count in range(40):
    num=random.randint(50,100)
    score.append(num)
print('40 人的分数为: ',score)
sum_score=sum(score)
print(sum_score)
ave_num=sum_score/40
#将小于平均成绩的成绩找出来组成新的列表并求列表的长度
less_ave=[]
for i in score:
    if i<ave_num:
        less_ave.append(i)
long=len(less_ave)
print(long)
print('平均分数为: %.1f' %(ave_num))
print('有%d 个学生的分数低于平均分数: '%(long))
score.sort(reverse=True)
print('排序结果: ',score)
```

24. 在 IDLE 交互环境中选择 File→Save 菜单项，将文件保存为“实验 4-1-3.py”。

25. 在 IDLE 交互环境中选择 Run→Run Module 菜单项，运行代码，得到输出结果：

```
40 人的分数为:[57, 94, 52, 60, 66, 52, 69, 90, 63, 88, 79, 61, 56, 87, 88, 85, 73, 97,
62, 94, 51, 68, 65, 96, 71, 63, 76, 84, 99, 75, 75, 64, 74, 54, 73, 97, 72, 85, 73, 91]
2979
22
平均分数为: 74.5
有 22 个学生的分数低于平均分数:
排序结果:[99, 97, 97, 96, 94, 94, 91, 90, 88, 88, 87, 85, 85, 84, 79, 76, 75, 75, 74, 73,
73, 73, 72, 71, 69, 68, 66, 65, 64, 63, 63, 62, 61, 60, 57, 56, 54, 52, 52, 51]
```

26. 综合利用分支结构与列表编写用户登录系统。具体要求如下：

(1) 系统里有多个用户，用户的信息目前保存在列表里；

```
users=['root', 'admin']
passwds=['123','456']
```

(2) 用户登录(判断用户登录是否成功)。

判断用户是否存在：

① 如果用户存在,则判断用户密码是否正确：如果密码正确,则登录成功,退出循环；如果密码不正确,则重新登录,总共有 3 次机会。

② 如果用户不存在,则重新登录,总共有 3 次机会。

27. 在 IDLE 交互环境中选择 File→New File 菜单项,打开代码编辑器。

28. 在代码编辑器中输入以下代码：

```
#用户登录系统
#定义列表,用来记录用户名和密码
users=['root','admin']
passwds=['123','456']
#定义尝试登录的次数
trycount=0
#判断尝试登录的次数是否超过 3 次
while trycount<3:
    #接收用户输入的用户名和密码
    inuser=input("用户名:")
    inpasswd=input("密码:")
    trycount+=1
    #判断用户是否存在
    if inuser in users:
        #先找出用户对应的索引值
        index=users.index(inuser)
        #找出密码列表中对应的索引值的密码
        passwds=passwds[index]
        #判断输入的密码是否正确
        if inpasswd==passwds:
            print("%s 登录成功" %(inuser))
            break
        else:
            print("%s 登录失败: 密码错误!" %(inuser))
    else:
        print("用户%s 不存在" %(inuser))
else:
print("已经超过 3 次机会")
```

29. 在 IDLE 交互环境中选择 File→Save 菜单项,将文件保存为“实验 4-1-4.py”。

30. 在 IDLE 交互环境中选择 Run→Run Module 菜单项,运行代码,得到输出结果：

```
用户名: adminroot
密码: 123
用户 adminroot 不存在
用户名: admin
密码: 123
admin 登录失败: 密码错误!
用户名: admin
密码: 456
admin 登录成功
```

实验 4-2　元组的使用

Python 中的元组(tuple)与列表类似,不同之处在于,元组的元素不能修改。元组使用小括号()定义,只在括号中添加元素,并使用逗号隔开即可。但是,tuple 一旦初始化,就不能修改。如果编程条件允许,尽量使用不可变的 tuple 代替 list,以使得代码更安全。

【实验目的】

1. 掌握元组的创建方法。
2. 掌握元组的应用方法。

【实验内容】

1. 在 IDLE 中编写程序,实现元组的创建方法。
2. 练习元组的各种应用方法。

【实验步骤】

1. 在 Windows 的"开始"菜单中,启动 IDLE 交互环境。
2. 在 IDLE 交互环境中输入以下代码,并按 Enter 键运行,得到输出结果。

```
>>>tup1=()
>>>tup1
()
>>>tup1=(100)
>>>type(tup1)
<class 'int'>
>>>tup1=(50,)
>>>type(tup1)
<class 'tuple'>
```

可以直接用()创建空元组。当元组中只包含一个元素时,需要在元素后面添加逗号,否则括号会被当作运算符使用。这是因为括号()既可以表示 tuple,又可以表示数学公式中的小括号,这就产生了歧义,因此,Python 规定这种情况下按小括号进行计算。元组与字符串类似,可以使用下标索引访问元组中的值。但元组中的元素值是不允许修改的,下标索引从 0 开始,可以进行截取、连接组合等。继续在 IDLE 交互环境中输入以下代码,并按 Enter 键运行,得到输出结果。

```
>>>tup1=(12, 34.56)
>>>tup2=('abc', 'xyz')
>>>tup3=tup1+tup2
>>>print (tup3)
(12, 34.56, 'abc', 'xyz')
>>>tup1[0]=100
Traceback (most recent call last):
```

```
  File "<pyshell#11>", line 1, in<module>
    tup1[0]=100
TypeError: 'tuple' object does not support item assignment
```

所谓元组不可变，指的是元组指向的内存中的内容不可变，修改元组中的元素操作是非法的。元组中的元素值是不允许删除的，但我们可以使用 del 语句删除整个元组。与字符串一样，元组之间可以使用＋号和＊号进行运算，这就意味着它们可以组合和复制，运算后会生成一个新的元组。

3. 在 IDLE 交互环境中输入以下代码，并按 Enter 键运行，得到输出结果。

```
>>>t=('a', 'b', ['A', 'B'])
>>>t[2][0]='X'
>>>t[2][1]='Y'
>>>t
('a', 'b', ['X', 'Y'])
```

仔细分析这段代码，这个 tuple 定义的时候有 3 个元素，分别是'a','b'和一个 list。很明显，tuple 的内容发生了改变，但变的不是 tuple 的元素，而是 list 的元素。tuple 一开始指向的 list 并没有改成别的 list。tuple 的每个元素的指向永远不变。但指向的这个 list 本身是可变的。只有 tuple 的每一个元素本身也不可变，才能创建一个内容也不变的 tuple。

4. 在 IDLE 交互环境中输入以下代码，并按 Enter 键运行，得到输出结果。

```
>>>tuple_a=([1,3], 'a', 'b', 8)
>>>tuple_a[0][0]=99
>>>print(tuple_a)
([99, 3], 'a', 'b', 8)
```

实验 4-3　字典的使用

字典(dictionary)是除列表以外 Python 中最灵活的内置数据结构类型。Python 内置了字典(dict)的支持，dict 的全称为 dictionary，在其他语言中也称为 map，使用键-值(key-value)存储，具有极快的查找速度。字典是另一种可变容器模型，且可存储任意类型的对象。字典的键必须是唯一的，这是因为 dict 根据 key 计算 value 的存储位置，如果每次计算相同的 key 得出的结果不同，那 dict 内部就完全混乱了。通过 key 计算位置的算法称为哈希(Hash)算法。要保证 Hash 的正确性，作为 key 的对象就不能变。所以，字典可以选择用字符串、数字，但是不能选择用列表。字典的值可以取任何数据类型。字典的每个键值(key：value)对用冒号(:)分隔，每个对之间用逗号(,)分隔，整个字典包括在花括号{}中。

【实验目的】

1. 掌握字典的创建方法。
2. 掌握字典的增、删、改、查等方法。
3. 掌握字典的应用方法。

【实验内容】

1. 在 IDLE 中编写程序，实现字典的创建方法。

2. 练习字典的增、删、改、查等方法。

3. 练习字典的应用方法。

4. 使用字典解决实际问题。

【实验步骤】

1. 在 Windows 的“开始”菜单中，启动 IDLE 交互环境。

2. 字典的创建方法有以下 3 种。

方法 1：字典对象名称＝{key1：value1，key2：value2，…，keyN：valueN}。

方法 2：使用 dict()函数。

方法 3：使用{}。

3. 在 IDLE 交互环境中输入以下代码，并按 Enter 键运行，得到输出结果。

```
>>>d1=dict()                        #创建空字典
>>>d1
{}
>>>d2={}                            #创建空字典
>>>d2
{}
>>>d3={'A':1,'B':2}                 #创建字典
>>>d3
{'A': 1, 'B': 2}
>>>L1=[['a','0k'],['b','1k']]       #首先建立列表，然后将其转换成字典
>>>d4=dict(L1)                      #嵌套列表转换成字典
>>>d4
{'a': '0k', 'b': '1k'}
>>>d4.keys()                        #字典的键
dict_keys(['a', 'b'])
>>>d4.values()                      #字典的值
dict_values(['0k', '1k'])
```

4. dict 查找和插入的速度极快，不会随着 key 的增加而变慢；需要占用大量的内存，内存浪费多。而 list 相反，查找和插入的时间随着元素的增加而增加；占用空间小，浪费内存很少。所以，dict 是用空间换取时间的一种方法。实现字典对象的增、删、改、查，继续在 IDLE 交互环境中输入以下代码，并按 Enter 键运行，得到输出结果。

```
>>>d4['c']='2k'                     #在 d4 中增加一个关键字为 c，值为'2k'的元素
>>>d4
{'a': '0k', 'b': '1k', 'c': '2k'}
>>>d4['c']='3k'                     #d4 中的 c 对应的值改为'3k'
>>>d4
{'a': '0k', 'b': '1k', 'c': '3k'}
```

```
>>>d4['c']                    #查找字典的对应键的值
'3k'
>>>del d4['c']                #删除键 'c'
>>>d4
{'a': '0k', 'b': '1k'}
>>>d4.clear()                 #清空字典
>>>d4
{}
>>>del d4                     #删除字典
>>>d4                         #执行 del 操作后字典不再存在,这会引发一个异常
Traceback (most recent call last):
  File "<pyshell#36>", line 1, in<module>
    d4
NameError: name 'd4' is not defined
```

5. 接下来利用 Python 字典功能,编程解决一些实际问题。
6. 在 Windows 的“开始”菜单中,启动 IDLE 交互环境。
7. 在 IDLE 交互环境中选择 File→New File 菜单项,打开代码编辑器。
8. 在代码编辑器中输入以下代码:

```
#现有字典 dic2={'k1':"v111",'a':"b"},通过编程操作使得
dic2={'k1':"v111",'k2':"v2",'k3':"v3",'k4': "v4",'a':"b"}
dic={"k1": "v1", "k2": "v2", "k3": "v3"}
dic["k4"]="v4"
dic.pop("k1")
print(dic)            #{'k2': 'v2', 'k3': 'v3', 'k4': 'v4'}输出此时的字典 dic
dic2={'k1': "v111", 'a': "b"}
dic2.update(dic)      #将字典 dic2 的键值对添加到字典 dic 中
print(dic2)           #{'k1': 'v111', 'a': 'b', 'k2': 'v2', 'k3': 'v3', 'k4': 'v4'}
```

9. 在 IDLE 交互环境中选择 File→Save 菜单项,将文件保存为“实验 4-3-1.py”。
10. 在 IDLE 交互环境中选择 Run→Run Module 菜单项,运行代码,得到输出结果:

```
{'k2': 'v2', 'k3': 'v3', 'k4': 'v4'}
{'k1': 'v111', 'a': 'b', 'k2': 'v2', 'k3': 'v3', 'k4': 'v4'}
```

11. 按照要求实现以下功能:li=[1,2,3,'a','b',4,'c'],有一个字典(此字典是动态生成的,你并不知道它有多少键值对,所以用 dic={}模拟)。具体操作如下:如果字典中没有'k1'这个键,就创建这个'k1'键和对应的值(对应值设为空列表),并将列表 li 中的索引为奇数对应的元素添加到'k1'这个键对应的空列表中;如果字典中有'k1'这个键,且'k1'对应的 value 值是列表类型,就将列表 li 中的索引为奇数对应的元素添加到'k1'这个键对应的值中。

12. 在 IDLE 交互环境中选择 File→New File 菜单项,打开代码编辑器。
13. 在代码编辑器中输入以下代码:

```
li=[1,2,3,'a','b',4,'c']
dic={}                #动态生成
```

```
if len(dic.keys())>0:
    '''判断字典是否为空 '''
    for i in dic.keys():
        '''遍历字典的 key '''
        if 'k1' in i and type(dic.get('k1')==list):
            '''判断 "k1"是否在字典中且对应的键值是否为一个列表 '''
            for index,k in enumerate(li):
                '''遍历列表中的索引和索引对应的列表元素 '''
                if index%2==1:
                    '''判断索引是否为奇数 '''
                    dic['k1'].append(li[index])
else:
    print(len(dic)) #验证
    dic['k1']=[]
    for index,k in enumerate(li):
        if index%2==1:
            dic['k1'].append(li[index])
print(dic)
```

14. 在 IDLE 交互环境中选择 File→Save 菜单项,将文件保存为“实验 4-3-2.py”。

15. 在 IDLE 交互环境中选择 Run→Run Module 菜单项,运行代码,得到输出结果:

```
0
{'k1': [2, 'a', 4]}
```

16. 在 IDLE 交互环境中选择 File→New File 菜单项,打开代码编辑器。

17. 在代码编辑器中输入以下代码:

```
#重复的单词:此处认为单词之间以空格为分隔符,并且不包含,和.
#1.用户输入一个英文句子
#2.打印每个单词及其重复的次数
s=input('s:')
#1.把每个单词分隔处理
s_li=s.split()
word_dict={}
for item in s_li:
    if item not in word_dict:
        word_dict[item]=1
    else:
        word_dict[item]+=1
print(word_dict)
```

18. 在 IDLE 交互环境中选择 File→Save 菜单项,将文件保存为“实验 4-3-3.py”。

19. 在 IDLE 交互环境中选择 Run→Run Module 菜单项,运行代码,得到输出结果:

```
s:let us go go go
{'let': 1, 'us': 1, 'go': 3}
```

20. 在 IDLE 交互环境中选择 File→New File 菜单项，打开代码编辑器。

21. 在代码编辑器中输入以下代码：

```
#随机生成 10 个卡号；
#卡号以 622021 开头，后面 3 位依次是 (001, 002, 003, …, 010)
#生成关于银行卡号的字典,默认每个卡号的初始密码为"123456"
#输出卡号和密码信息
card_ids=[]
#生成 10 个卡号
for i in range(10):
    #%.3d:代表整数的占位
    s=622021%.3d' %(i+1)
    card_ids.append(s)
card_ids_dict={}.fromkeys(card_ids,'123456')
print(card_ids_dict)
print('卡号\t\t\t\t\t 密码')
for key in card_ids_dict:
print('%s\t\t\t%s' %(key,card_ids_dict[key]))
```

22. 在 IDLE 交互环境中选择 File→Save 菜单项，将文件保存为“实验 4-3-4.py”。

23. 在 IDLE 交互环境中选择 Run→Run Module 菜单项，运行代码，得到输出结果：

```
{'622021001': '123456', '622021002': '123456', '622021003': '123456', '622021004':
'123456', '622021005': '123456', '622021006': '123456', '622021007': '123456',
'622021008': '123456', '622021009': '123456', '622021010': '123456'}
 卡号              密码
622021001         123456
622021002         123456
622021003         123456
622021004         123456
622021005         123456
622021006         123456
622021007         123456
622021008         123456
622021009         123456
622021010         123456
```

实验 4-4　集合的使用

集合(set)是一个无序的不重复元素序列。重复元素在 set 中自动被过滤，可以使用大括号{}或者 set()函数创建集合。

注意：创建一个空集合必须用 set()，而不是{}，因为{}是用来创建一个空字典的。set 可以看成数学意义上的无序和无重复元素的集合，因此，两个 set 可以做数学意义上的交集、并集等操作。set 和 dict 类似，也是一组 key 的集合，但不存储 value。由于 key 不能重复,所以在 set 中没有重复的 key。set 和 dict 的唯一区别仅在于没有存储对应的 value,但是,set 的原理和 dict 一样,所以同样不可以放入可变对象,因为无法判断两个可变对象是否相等,也就无法保证 set 内部“不会有重复元素”。

【实验目的】

1. 掌握集合的创建方法。
2. 掌握集合的基本操作方法。

【实验内容】

1. 在 IDLE 中编写程序,实现集合的创建。
2. 练习集合的基本操作。
3. 用集合的方法解决实际问题。

【实验步骤】

1. 在 Windows 的“开始”菜单中,启动 IDLE 交互环境。

2. 集合的创建方法包括两种:创建格式为 parame={value01,value02,…}或者 set(value)。

3. 在 IDLE 交互环境中输入以下代码,并按 Enter 键运行,得到输出结果。

```
>>>s=set('x')
>>>s
{'x'}
>>>type(s)
<class 'set'>
>>>s.add('y')            #添加元素
>>>s
{'x', 'y'}
>>>s.update('z')         #添加元素
>>>s
{'x', 'y', 'z'}
>>>s.remove('x')         #将元素 x 从集合 s 中移除
>>>s
{'y', 'z'}
>>>s.discard('z')        #移除集合中的元素
>>>s
{'y'}
>>>len(s)                #计算集合 s 的元素个数
1
>>>s.clear()             #清空集合 s
>>>s
>>>'x' in s              #判断元素是否在集合中
False
```

4. 接下来利用 Python 集合功能，编程解决实际问题。

5. 在 Windows 的“开始”菜单中，启动 IDLE 交互环境。

6. 在 IDLE 交互环境中选择 File→New File 菜单项，打开代码编辑器。

7. 在代码编辑器中输入以下代码：

```
#已知两个列表数据，判断哪些整数既在 lst1 中，也在 lst2 中
#已知两个列表数据，判断哪些整数在 lst1 中，不在 lst2 中
#已知两个列表数据，判断两个列表一共有哪些整数
lst1=[1, 2, 3, 5, 6, 3, 2]
lst2=[2, 5, 7, 9]
set1=set(lst1)
set2=set(lst2)
#哪些整数既在 lst1 中，也在 lst2 中
print(set1.intersection(set2))
#哪些整数在 lst1 中，不在 lst2 中
print(set1.difference(set2))
#两个列表一共有哪些整数
print(set1.union(set2))
```

8. 在 IDLE 交互环境中选择 File→Save 菜单项，将文件保存为“实验 4-4-1.py”。

9. 在 IDLE 交互环境中选择 Run→Run Module 菜单项，运行代码，得到输出结果：

```
{2, 5}
{1, 3, 6}
{1, 2, 3, 5, 6, 7, 9}
```

10. 用集合的方法解决去重问题：小明想在学校请一些同学做一项问卷调查，为了实验的客观性，他先用计算机生成 N 个 1～100 的随机整数（$N \leqslant 10$），N 是用户输入的，对于其中重复的数字只保留一个，把其余相同的数字去掉，不同的数对应不同学生的学号，然后再把这些数从小到大排序，按照排好的顺序找同学做调查。

11. 在 IDLE 交互环境中选择 File→New File 菜单项，打开代码编辑器。

12. 在代码编辑器中输入以下代码：

```
import random
s=set([])
for i in range(int(input('Num:'))):
    s.add(random.randint(1,100))
print(s)
print(sorted(s))
```

13. 在 IDLE 交互环境中选择 File→Save 菜单项，将文件保存为“实验 4-4-2.py”。

14. 在 IDLE 交互环境中选择 Run→Run Module 菜单项，运行代码，得到输出结果：

```
Num:5
{69, 37, 42, 14, 24}
[14, 24, 37, 42, 69]
```

习　题

一、判断题

1. Python 支持的数据类型有 int、list 和 char。（　　）
2. 列表数据结构要求所有元素的类型必须相同。（　　）
3. 列表的元素可以进行增加、修改、排序操作。（　　）
4. 字典的对象键一旦确定，就不可以修改。（　　）
5. 字典类型可以包含列表和其他数据类型，支持嵌套的字典。（　　）
6. 集合是一个无序的不重复元素序列。（　　）
7. 元组中的元素可以被修改和更新。（　　）
8. 字典类型中的数据可以进行分片和合并操作。（　　）
9. 字典类型是一种无序的对象集合，通过键来存取。（　　）
10. 集合是键值对的组合。（　　）

二、选择题

1. 以下（　　）是实现多路分支的最佳控制结构。

   A. if　　B. if…elif…else　　C. try　　D. if…else

2. 关于 Python 的元组类型，以下选项错误的是（　　）。

   A. 一个元组可以作为另一个元组的元素，可以采用多级索引获取信息
   B. 元组中的元素必须是相同类型
   C. 元组一旦创建，就不能修改
   D. 元组采用逗号和圆括号（可选）表示

3. 关于{}，以下描述正确的是（　　）。

   A. 直接使用{}将生成一个元组类型
   B. 直接使用{}将生成一个列表类型
   C. 直接使用{}将生成一个集合类型
   D. 直接使用{}将生成一个字典类型

4. 以下不是 Python 序列类型的是（　　）。

   A. 数组类型　　B. 字符串类型
   C. 列表类型　　D. 元组类型

5. 给定字典 d，以下对 x in d 的描述（　　）是正确的。

   A. 判断 x 是否在字典 d 中以键或值方式存在
   B. 判断 x 是否为字典 d 中的值
   C. x 是一个二元元组，判断 x 是否为字典 d 中的键值对
   D. 判断 x 是否为字典 d 中的键

第5章 函数和模块

【学习目标】

通过本章的学习，应达到如下学习目标：

1. 阐释函数的概念，包括函数的定义与调用、函数的返回值、参数传递、变量作用域、递归函数。

2. 掌握函数的定义与调用、返回值、参数传递和变量作用域。重点掌握如何按照需求定义函数，如何构建函数的参数，如何调用函数并返回值。

3. 根据要求编写有关函数的案例，能说明递归函数的含义。

4. 掌握模块的定义与导入。

5. 了解模块的内建属性和内建函数，模块的搜索路径。

【单元导学】

第5章思维导图如图5-1所示。

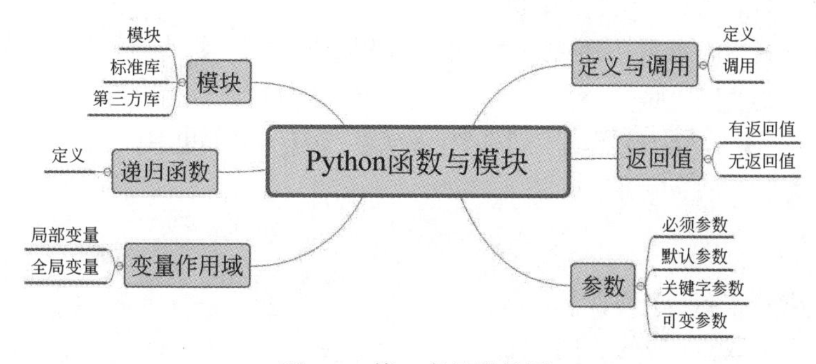

图5-1 第5章思维导图

本章重点主要包括以下部分。

函数定义部分：函数定义的概念、函数定义的格式、函数的返回值、函数的参数。

函数调用部分：函数调用的格式。

模块定义部分：模块定义的概念、模块定义的格式。

模块导入部分：模块导入的格式。

本章难点主要包括：递归函数、模块导入。

【知识回顾】

第4章重点介绍了Python的数据结构。复习第4章的内容，编写代码，从键盘输入任意多个数字，按Enter键退出，结束输入，输出存放在列表ls中的数，并统计输出最大的数和最小的数，以及最大的数和最小的数的平均值。

代码：

```
ls=[]
iNumStr=input("请输入数字(直接输入回车退出)：")
while iNumStr !="":
    ls.append(eval(iNumStr))
    iNumStr=input("请输入数字(直接输入回车退出)：")
max1=min1=ls[0]
for num in ls:
    print(num,end=" ")
    if num>max1:
        max1=num
    elif num<min1:
        min1=num
aver=(max1+min1)/2
print()
print("最大的数：{:d},最小的数：{:d},最大的数和最小的数的平均值：{:.2f}".format
(max1,min1,aver))
```

【学前准备】

为了更好地完成本章的学习，请做到以下两点：

1. 查阅函数的具体定义，并能举例说明。
2. 查阅函数调用与参数传递的过程，并能举例说明。

实验 5-1　内建函数 ceil()的使用

【实验目的】

1. 熟悉内建函数 ceil()的含义。
2. 掌握内建函数 ceil()的使用方法。

【实验内容】

利用数学函数实现从键盘输入一个数，求不小于该数的最小整数，运行结果如图 5-2 所示。

```
输入一个数:15.7
不小于15.7的最小整数是16
```

图 5-2　ceil()函数的运行结果

【实验步骤】

根据要求编写函数如下：

```
import math
n=float(input("输入一个数："))
```

```
m=math.ceil (n)
print("不小于",n,"的最小整数是",m,sep='')
```

程序使用了 math 模块中的数学函数，math 模块中的 ceil()函数返回参数的上入整数。ceil()函数的语法：

```
import math
math.ceil (x)
```

注意：ceil()是不能直接访问的，需要导入 math 模块，通过静态对象调用该方法。
参数：x --数值表达式。
返回值：函数返回数字的上入整数。
实例：

```
import math    #导入 math 模块
print ("math.ceil(-12.34): ", math.ceil(-12.34))
print ("math.ceil(100.78): ", math.ceil(100.78))
print ("math.ceil(1000.25): ", math.ceil(1000.25))
print ("math.ceil(math.pi): ", math.ceil(math.pi))
```

输出结果为：

```
math.ceil(-12.34):  -12
math.ceil(100.78):  101
math.ceil(1000.25):  1001
math.ceil(math.pi):  4
```

实验 5-2 内建函数 hypot()的使用

【实验目的】

1. 掌握内建函数 hypot()的含义。
2. 掌握内建函数 hypot()的使用方法。

【实验内容】

输入三角形的两个直角边，输出对应斜边的长度，运行结果如图 5-3 所示。

```
输入第一条直角边的长度: 3
输入第二条直角边的长度: 4
三角形直角边 3.0 和直角边 4.0 对应的斜边长度是:  5.0
```

图 5-3 hypot()函数的运行结果

【实验步骤】

```
import math
a=float(input("输入第一条直角边的长度: "))
b=float(input("输入第二条直角边的长度: "))
```

```
c=math.hypot (a,b)
print("三角形直角边",a,"和直角边",b,"对应的斜边长度是: ",c)
```

程序使用了 math 模块中的数学函数，math 模块中的 hypot()返回欧几里得范数 sqrt(x * x+y * y)。

hypot()函数的语法：

```
import math
math. hypot (x,y)
```

注意：hypot ()是不能直接访问的，需要导入 math 模块，通过静态对象调用该方法。

参数：x--数值表达式；y-- 数值表达式。

返回值：函数返回欧几里得范数 sqrt(x * x+y * y)。

实例：

```
import math
print ("hypot(5, 8): ", math.hypot(5, 8))
print ("hypot(-6, 6): ", math.hypot(-6, 6))
print ("hypot(0, 5): ", math.hypot(0, 5))
```

输出结果为：

```
hypot(5, 8): 9.433981132056603
hypot(-6, 6): 8.485281374238571
hypot(0, 5): 5.0
```

实验 5-3　内建时间函数 time()的使用

【实验目的】

1. 掌握内建时间函数 time()的含义。
2. 掌握内建时间函数 time()的使用方法。

【实验内容】

编程实现将当前时间转换为格林尼治时间，并同时输出当前时间和格林尼治时间，运行结果如图 5-4 所示。

```
Sat Apr 24 12:43:58 2021
time.struct_time(tm_year=2021, tm_mon=4, tm_mday=24, tm_hour=4, tm_min=43
, tm_sec=58, tm_wday=5, tm_yday=114, tm_isdst=0)
```

图 5-4　time()函数的运行结果

【实验步骤】

```
import time
t=time.asctime(time.localtime(time.time()))
```

```
print(t)
gt=time.gmtime(time.time())
print(gt)
```

程序使用了 time 模块中的时间函数,Python 提供了一个 time 和 calendar 模块,可用于格式化日期和时间。

Python 的 time 模块下有很多函数可以转换常见的日期格式。

函数 time.time()用于获取当前时间,但是 1970 年之前的日期无法以此表示。

函数 time.asctime()接收时间元组并返回一个可读形式为"T Wed Mar 31 21:19:29 2021"(2021 年 3 月 31 日 周三 21 时 19 分 29 秒)的 24 个字符的字符串。

asctime() 函数的语法:

```
time.asctime([t])
```

参数:元组或者通过函数 gmtime()或 localtime()返回的时间值。

返回值:返回一个可读形式为"Wed Mar 31 21:19:29 2021"(2021 年 3 月 31 日 周三 21 时 19 分 29 秒)的 24 个字符的字符串。

函数 time gmtime()将一个时间转换为 UTC 时区(0 时区)的 struct_time,参数 sec 的默认值为 time.time(),函数返回 time.struct_time 类型的对象。

实例:

```
import time
t=time.localtime()
print(time.asctime(t))
```

输出结果为:

```
Wed Mar 31 21:19:29 2021
```

实验 5-4　通过自定义函数判断素数

【实验目的】

1. 熟悉自定义函数。
2. 掌握通过自定义函数判断素数的方法。

【实验内容】

编写一个判断素数的函数,实现输入一个整数,使用判断素数的函数进行判断,然后输出是否为素数,运行结果如图 5-5 所示。

```
输入一个数:11
11 是素数
```

```
输入一个数:58
58 不是素数
```

图 5-5　判断素数的运行结果

【实验步骤】

根据要求编写函数：

```
def isprime(n):
    i=2
    while i<=n-1:
        if n%i==0:
            break
        i=i+1
    return i
x=int(input("输入一个数:"))
y=isprime(x)
if y>x-1:
    print(x,"是素数")
else:
    print(x,"不是素数")
```

实验 5-5　通过自定义函数计算最大公约数和最小公倍数

【实验目的】

1. 掌握自定义最大公约数函数和最小公倍数函数。
2. 理解自定义函数调用过程中参数的传递。

【实验内容】

编写两个函数，分别计算两个整数的最大公约数和最小公倍数，运行结果如图 5-6 所示。

```
输入第一个数:32
输入第二个数:24
32 和 24 的最大公约数是:  8
32 和 24 的最小公倍数是:  96
```

图 5-6　计算两个整数的最大公约数和最小公倍数

【实验步骤】

根据要求编写函数：

```
def GY(m,n):
    r=m%n
    while r!=0:
        m=n
        n=r
        r=m%n
```

```
    return n
def GB(m,n):
    P=m * n/GY(m,n)
    return P
x=int(input("输入第一个数:"))
y=int(input("输入第二个数:"))
if y>x:
    t=x
    x=y
    y=t
z=GY(x,y)
U=GB(x,y)
print(x,"和",y,"的最大公约数是: ",z)
print(x,"和",y,"的最小公倍数是: ",U)
```

实验 5-6　通过自定义函数计算阶乘

【实验目的】

1. 掌握通过自定义函数计算阶乘的方法。
2. 掌握调用函数的方法。

【实验内容】

编写一个函数,计算输出 n 的阶乘值。

【实验步骤】

根据要求编写函数:

```
def jiecheng(x):
    y=1
    for i in range(1,x+1):
        y=y * i
    return y
n=int(input("输入一个整数: "))
s=jiecheng(n)
print(n,"的阶乘是",s)
```

实验 5-7　函数的参数传递

【实验目的】

1. 掌握函数参数中形参和实参的含义。
2. 体会函数的参数传递过程。

3. 准确编写包含参数传递的程序。

【实验内容】

1. 定义一个有 3 个形参的函数,在函数体内实现 3 个形参相加。

【实验步骤】

根据要求编写函数:

```
def add(a,b,c):
    d=a+b+c
    return d
x=int(input("input x:"))
y=int(input("input y:"))
z=int(input("input z:"))
s=add(x,y,z)
print(s)
```

【实验内容】

2. 定义一个有 3 个形参值为 100,200,300 的函数,在函数体内实现 3 个形参相加。

【实验步骤】

根据要求编写函数:

```
def add(a=100,b=200,c=300):
    d=a+b+c
    return d
s=add()
print(s)
```

上面两种方式定义的形参个数都是固定的,例如定义函数的时候如果定义了 n 个形参,那么在调用时最多只能传递 n 个实参。

实验 5-8　递归函数

【实验目的】

1. 了解递归函数的含义。
2. 掌握递归函数的使用方法。

【实验内容】

递归解决年龄问题:有 5 个人坐在一起,问第五个人多少岁?他说比第四个人大两岁。问第四个人多少岁?他说比第三个人大两岁。问第三个人多少岁?他说比第二个人大两岁。问第二个人多少岁?他说比第一个人大两岁。最后问第一个人多少岁?他说是十五岁。编写程序，输入第几个人时输出其对应的年龄。

【实验步骤】

根据要求编写函数：

```
def age(x):
    if x==1:
        y=15
    else:
        y=age(x-1)+2
    return y
n=int(input("输入人数: "))
s=age(n)
print("输入第",n,"个人对应的年龄是",s)
```

递归就是在调用一个函数的过程中又直接或间接地调用该函数本身。本例子中，age()函数被递归调用。递归过程分为两个阶段：第一阶段是“回推”，由题意可知，想知道第五个人的年龄，必须知道第四个人的年龄，想知道第四个人的年龄，必须知道第三个人的年龄……直到第一个人的年龄，这时 age(1)的年龄已知，就不用再推；第二阶段是“递推”，从第二个人推出第三个人的年龄……一直推到第五个人的年龄为止。需要注意，必须有一个结束递归过程的条件，本例中，当 x=1 时，y=15(也就是 age(1)=15 时)结束递归过程，否则递归会无限进行下去。

实验 5-9　输出杨辉三角形

【实验目的】

1. 了解杨辉三角形的含义。
2. 掌握用自定义函数输出杨辉三角形的方法。

【实验内容】

编写函数，输入一个整数 t 作为参数，打印杨辉三角形的前 t 行，运行结果如图 5-7 所示。

```
输入打印杨辉三角形的行数: 10
[1]
[1, 1]
[1, 2, 1]
[1, 3, 3, 1]
[1, 4, 6, 4, 1]
[1, 5, 10, 10, 5, 1]
[1, 6, 15, 20, 15, 6, 1]
[1, 7, 21, 35, 35, 21, 7, 1]
[1, 8, 28, 56, 70, 56, 28, 8, 1]
[1, 9, 36, 84, 126, 126, 84, 36, 9, 1]
```

图 5-7　杨辉三角形

【实验步骤】

根据要求编写函数：

```
def yanghui(t):
    print([1])
    line=[1,1]
    print(line)
    #从第三行开始打印其他行
    for i in range(2,t):
        r=[]
        #按照杨辉三角形规律生成每行除两端之外的数字
        for j in range(0,len(line)-1):
            r.append(line[j]+line[j+1])
        #把两端的数字连在一起
        line=[1]+r+[1]
        print(line)
n=int(input("输入打印杨辉三角形的行数:"))
yanghui(n)
```

杨辉三角形是二项式系数在三角形中的一种几何排列，特点是：最左侧的一列数字和右边的斜边都是1，内部其他位置上的每个数字都是上一行同一列数字与前一列数字的和。

实验 5-10　通过模块计算列表中偶数的和

【实验目的】

1. 掌握模块的含义。
2. 掌握导入模块的使用方法。

【实验内容】

通过模块计算一个给定列表中偶数的和。

【实验步骤】

根据要求建立文件 osh.py，编写下列代码：

```
def func_sum(L1):
    s=0
    for i in range(0,len(L1)):
        if L1[i]%2==0:
            s=s+L1[i]
return s
```

新建文件 exp10.py，编写下列代码：

```
import osh
L2=[9,36,77,98,45,206,100,-2]
s=osh.func_sum(L2)
print("sum=",s)
```

运行程序后，导入 osh.py 模块，完成计算给定列表中偶数的和。

习　题

一、判断题

1. 定义函数时，某个参数名字前面带有一个 * 符号表示其为可变长度参数，可以接收任意多个普通实参并存放于一个元组中。 (　)

2. 通过对象不能调用类方法和静态方法。 (　)

3. 在 Python 中，函数和类都属于可调用对象。 (　)

4. 定义 Python 函数时必须指定函数返回值的类型。 (　)

5. 尽管可以使用 import 语句一次导入任意多个标准库或扩展库，但是仍建议每次只导入一个标准库或扩展库。 (　)

6. 包含 yield 语句的函数一般称为生成器函数，可用来创建生成器对象。 (　)

7. 在函数内部，既可以使用 global 声明使用外部全局变量，也可以使用 global 直接定义全局变量。 (　)

8. 全局变量会增加不同函数之间的隐式耦合度，从而降低代码的可读性，因此应尽量避免过多地使用全局变量。 (　)

9. 在函数中没有任何办法可以通过形参影响实参的值。 (　)

10. 任何包含__call__()方法的类的对象都是可调用的。 (　)

二、问答题

1. 什么是函数？函数的优点有哪些？

2. 函数的参数分为哪 4 种？写法分别是什么？

3. 什么是形参和实参？参数传递的两种方式是什么？

4. 变量的作用域分为哪两种？

5. 什么是继承？为什么说它是面向对象的重要机制？

三、编程题

1. 编写函数，把列表循环左移 K 位。

分析：

循环左移 1 位，就是把列表中最左端的元素移出，然后再把这个元素追加到列表的尾部，运行结果如图 5-8 所示。

输出样例：

```
[4, 5, 6, 1, 2, 3]
```

图 5-8　列表左移

2. 编写函数，计算 10000 内的所有完全数。

分析：

完全数又称完美数或完备数，是一些特殊的自然数。它的所有真因子（即除自身以外的约数）的和（即因子函数）恰好等于它本身。

最小的完全数是 6，它有约数 1、2、3、6，除它本身 6 外，其余 3 个数相加的和等于本身，1+2+3=6。

第二个完全数是 28，它有约数 1、2、4、7、14、28，除它本身 28 外，其余 5 个数相加，1+2+4+7+14=28，运行结果如图 5-9 所示。

输出样例：

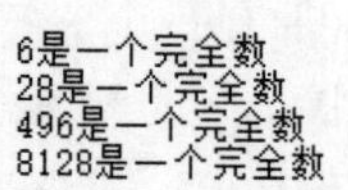
6是一个完全数
28是一个完全数
496是一个完全数
8128是一个完全数

图 5-9　完全数

3. 递归解决分鱼问题。5 个人捕鱼后分鱼，第一个人将鱼分成 5 份，把多余的一条鱼放掉，拿走自己的一份，第二个人也将鱼分成 5 份，把多余的一条鱼放掉，拿走自己的一份，其他 3 个人也按同样的方法拿鱼，问他们至少捕到多少条鱼？

分析：

根据题意，假设鱼的总数为 x，那么第一次每人分到的鱼的数量可用 $(x-1)/5$ 表示，余下的鱼数为 $4\times(x-1)/5$，将余下的鱼重新赋值给 x，依然调用 $(x-1)/5$，如果连续 5 次 $x-1$ 均能被 5 整除，则最初的 x 就是本题的解，运行结果如图 5-10 所示。

输出样例：

总共有3121条鱼

图 5-10　分鱼的运行结果

第 6 章　文件操作与数据格式化

【学习目标】

通过本章的学习，应达到如下学习目标：

1. 能够用 Python 对.txt 等纯文本文件进行读写操作，同时掌握 open()方法的参数使用，打开不同的编码文件，以及执行不同的读写等操作。

2. 能够用特定的库对 CSV、Excel、json 等数据文件进行操作，了解并熟悉将 Python 程序中用到的数据保存在以上文件中，或从文件中读取数据并进行处理。

3. 熟悉 Python 的异常处理操作、异常处理的应用场景，并会使用异常处理语句解决在程序中遇到的异常问题。

【单元导学】

第 6 章思维导图如图 6-1 所示。

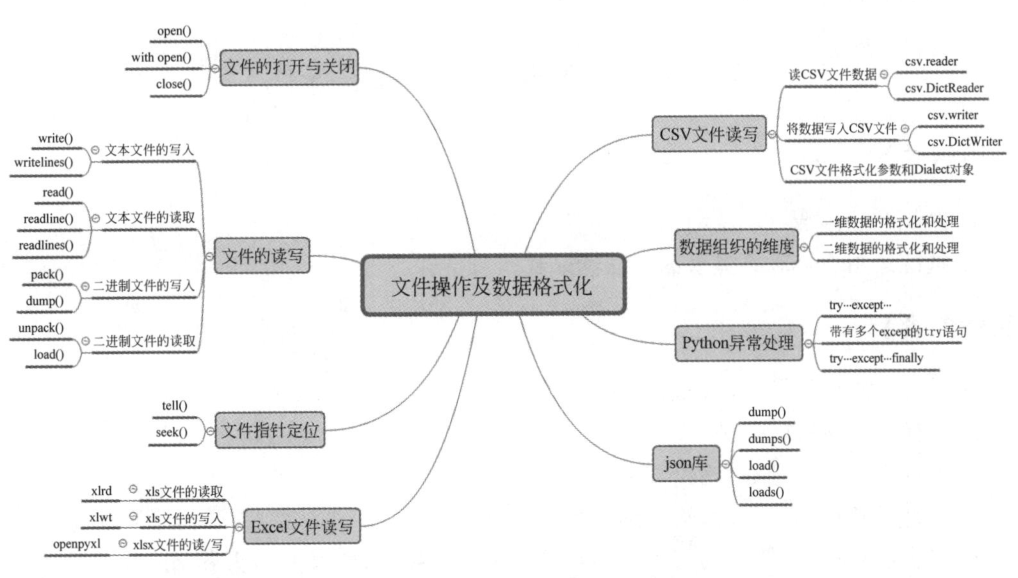

图 6-1　第 6 章思维导图

本章主要包括以下部分。

重点：文本文件的操作流程及 open()方法常用参数的使用，Python 读取和写入 CSV、Excel、json 等文件的方法，以及 Python 异常处理的语法及规则。

难点：CSV、Excel 等文件的操作方法及处理批量数据的程序编程。

【知识回顾】

第 5 章重点介绍了函数和模块的相关知识,复习第 5 章内容,编写代码。创建两个函数 is_prime_number()、is_palindrome_number(),分别用来判断某数是否为素数和是否为回文数,将其定义在一个模块 utils 中,再从另一个脚本 main.py 中调用该模块中的函数,执行代码,判断 1～10000 所有的素数、回文数、并将结果输出到屏幕上。

样例:

```
#模块 utils.py
定义函数 1 def is_prime_number(n):
           #code
定义函数 2  def is_palindrome_number(n):
           #code
执行脚本 main.py
```

【学前准备】

为了更好地完成本章的学习,请首先做到:

1. 查阅资料,了解文件编码、字符集、二进制文件等概念。
2. 查阅资料,了解 Excel、CSV、JSON 等文件的使用方式。

实验 6-1　文本文件的基本操作

【实验目的】

1. 熟练掌握函数 open() 的使用方法。
2. 熟练运用 file 对象提供的方法读取或写入文件。

【实验内容】

编写一个脚本程序 process.py,要求在运行该程序后,读入文本文件 worlds.txt,遍历文件中的所有行,并完成以下任务:

1. 统计文件的总行数,输出到屏幕。
2. 统计最长单词的长度,输出到屏幕。
3. 将长度超过 20 的单词写入当前路径下的一个新文件,并命名为 output.txt。

【实验步骤】

```
#process.py
counter=0
max_length=0
over_20=[]
with open('words.txt', encoding='utf8', mode='r') as file:
    for line in file:
```

```
        counter+=1
        line=line.strip()
        if len(line)>20:
            over_20.append(line)
        if len(line)>max_length:
            max_length=len(line)
with open('output.txt', encoding='utf8', mode='w+') as file:
    for line in over_20:
        file.write(line+'\n')
print(counter)
print(max_length)
```

实验 6-2　文件操作及批处理

【实验目的】

1. 熟练运用 os 模块中提供的方法遍历目录及文件操作。
2. 熟练运用 file 对象提供的方法读取文件。

【实验内容】

编写一个脚本程序 process.py，要求运行程序后，读入目录 data 的所有文本文件，跳过其他文件，将读取的内容去掉空行后全部写入一个新的文件，并命名为 combine.txt。

【实验步骤】

```
#process.py
with open('combine.txt', encoding='utf-8', mode='w+') as write_file:
    for file in os.listdir('./data'):
        filename, ext=os.path.splitext(file)
        if ext !='txt':
            continue
        read_file=open(os.path.join('./data', file), mode='r')
        for line in read_file:
            line=line.strip()
            if len(line)>0:
                    write_file.writeline()
        read_file.close()
```

实验 6-3　利用 struct 写入二进制文件

【实验目的】

1. 掌握 struct 模块写入二进制文件的方法。
2. 熟悉 Python 中常用类型转换为二进制的基本规则。

【实验内容】

编写一个脚本程序 to_binary.py，要求运行程序后，读入从键盘输入的一个整数，并将其通过 struct 模块的 pack()方法转换为二进制数据，然后写入二进制文件 out.dat 中，并用记事本等编辑器打开二进制文件，对比输入的内容是否准确。

【实验步骤】

```
#to_binary.py
import struct
data=input('please input number:')
binary=struct.pack('I', data)
file=open('out.dat', 'wb')
file.write(binary)
file.close()
```

实验 6-4　pickle 模块的使用

【实验目的】

1. 掌握 pickle 模块的使用。
2. 理解序列化与反序列化的概念。

【实验内容】

编写一个脚本程序 to_binary.py，要求运行程序后，将程序内部定义的 Python 对象利用 pickle 模块转换为二进制数据写入 out.dat 文件中，下一步再打开文件并通过 pickle 模块的方法读取文件，最终将所有内容都转换为 Python 对象输出到屏幕，观察输出结果。

【实验步骤】

```
#to_binary.py
with open('bin.dat', 'wb') as file:
for item in data:
        bin_data=pickle.dumps(item)
        file.write(bin_data)
with open('bin.dat', 'rb') as file:
    try:
        while True:
            item=pickle.load(file)
            print(item)
    except EOFError:
        print('read complete!')
```

实验 6-5　CSV 文件的读取操作

【实验目的】

1. 会通过 CSV 模块提供的常用方法处理 CSV 文件。
2. 熟悉对 CSV 文件的内容进行进一步处理的过程。

【实验内容】

编写一个脚本程序 process.py，要求在程序运行后，读入 SalesJan2009.csv 文件，并根据以下要求处理数据：

(1) 将 Country 字段为 United States 的记录筛选出来；

(2) 按 City 字段分类对 Price 字段进行汇总；

(3) 最终结果中只保留 State、City 及 PriceSum 字段，其中 PriceSum 为该城市所有 Price 记录的总和，结果保存到 result.csv。

【实验步骤】

```
#process.py
import csv
dic={}    #key:city value: {state:  , price_sum: }
with open('SalesJan2009.csv', 'r') as file:
    reader=csv.DictReader(file)
    for row in reader:
        if row['Country'] != 'United States':
            continue
        city=row['City']
        if city in dic:
            dic[city]['price_sum']+=int(row['Price'])
        else:
            dic[city]={'State': row['State'],
                        'price_sum': int(row['Price'])}
with open('result.csv', 'ab+') as file:
    writer=csv.DictWriter(file, ['City', 'State', 'TotalPrice'])
    writer.writeheader()
    for key,value in result.items():
        record={'City': key, 'State': value['State'],
                'TotalPrice': value['price_sum']}
        writer.writerow(record)
```

实验 6-6　CSV 文件的写入操作

【实验目的】

1. 会通过 CSV 模块提供的常用方法处理 CSV 文件。

2. 会将 Python 处理后的数据写入 CSV 文件中。

【实验内容】

编写一个脚本程序 process.py，要求在程序运行后，输出一个 output.csv 文件，文件中包含 0～100 的二进制、八进制、十六进制表示。CSV 文件的表头为十进制、二进制、八进制、十六进制。表中的数据为 0～100 升序排列的对应进制的值。

提示：

1. 使用 bin(num)将十进制数转换为二进制数；
2. 使用 oct(num)将十进制数转换为八进制数；
3. 使用 hex(num)将十进制数转换为十六进制数。

【实验步骤】

```
#process.py
import csv
with open('result.csv', mode='w') as file:
    writer=csv.DictWriter(file, ['decimal', 'bin', 'oct', 'hex'])
    writer.writeheader()
    for i in range(0,101):
        record={
            'decimal': i,
            'bin': bin(i),
            'oct': oct(i),
            'hex': hex(i),
        }
        writer.writerow(record)
```

实验 6-7　Excel 文件的操作

【实验目的】

1. 掌握使用 Python 的 xlrd 模块读取 Excel 文件的步骤。
2. 熟悉 xlrd 模块常用的方法。
3. 熟悉批量操作 Excel 文件的处理流程。

【实验内容】

编写一个脚本程序 process.py，要求程序运行后，以 sample.xls 文件为模板，输入行号和列号从 Excel 文件中读取指定的信息(值及类型)，并将读取的结果输出到屏幕。

【实验步骤】

```
#process.py
import xlrd
```

```
filepath=r'D:\sample.xls'
try:
    work_sheet=xlrd.open_workbook(filepath).sheet_by_index(0)
    while True:
        i_row, col=list(map(int, input('input row and column number:').split()))
        ctype=work_sheet.cell(i_row, col).ctype
        cell_value=work_sheet.cell_value(i_row, col)
        print('类型: ', ctype)
        print('值:', cell_value)
except Exception:
    raise Exception("UNKNOWN Error!")
```

实验 6-8　读取 JSON 数据

【实验目的】

1. 掌握使用 JSON 模块读取 JSON 数据的流程。
2. 将 JSON 数据转换为 Python 对象。

【实验内容】

编写一个脚本程序 read.py，要求执行程序后，读取 global.json 文件，并将所有内容输出到屏幕。

【实验步骤】

```
#read.py
import json
def format_print(dic, layer=1):
    for key, value in dic.items():
        if not isinstance(value, dict):
            print('\t' * layer, key, ':', value)
        else:
            print('\t' * layer, key, ':')
            format_print(value, layer+1)
with open('global.json', mode='r') as file:
    data=json.loads(file.read())
    format_print(data)
```

实验 6-9　写入 JSON 文件

【实验目的】

1. 会使用 JSON 模块将 Python 程序运行的结果保存到 JSON 文件中。
2. 会将内存中的 Python 对象保存为 JSON 数据。

【实验内容】

编写一个程序 process.py,要求运行程序后,读取 books.xml 文件,将文件内容转换为 Python 对象 catalog,再将 catalog 对象保存到 books.json 文件中。

【实验步骤】

```
#process.py
import json
import xmltodict
file=open('books.xml',encoding='utf-8')
xmlstr=file.read()
file.close()
#xml To dict
converted_dict=xmltodict.parse(xmlstr)
#若 ensure_ascii 设置为 False,则中文可以转换
jsonstr=json.dumps(converted_dict, ensure_ascii=False)
with open('books.json', encoding='utf-8', mode='w') as file:
  file.write(jsonstr)
```

实验 6-10　异常处理结构

【实验目的】

1. 熟悉 try…except 的使用方法。
2. 会利用 try…except 判断并处理异常信息,使程序更加健壮。

【实验内容】

编写一个程序 calculate.py,要求运行程序后,读取从键盘输入的 A、B,计算并返回两个数字相除的结果 A/B 与 B/A。其中需要处理如下 3 个异常。

- ZeroDivisionError。
- ValueError。
- Exception。

若出现异常,则返回对应的提示信息,让用户重新输入。

【实验步骤】

```
#calculate.py
while True:
    line=input('please input 2 number:')
    try:
        a, b=line.split()
        a=int(a)
```

```
        b=int(b)
        print(a/b, b/a)
    except ZeroDivisionError:
        print('can/by 0')
    except ValueError:
        print('please input number')
    except Exception:
        print('other exception')
    else:
        break
print('try again')
```

实验 6-11　异常处理的应用

【实验目的】

1. 掌握 try…except…finally 的使用方法。
2. 了解 finally 块的作用及使用方法。

【实验内容】

编写一个脚本程序 read.py，读取文件 data.txt，将每一行数据作为一个操作数累加到变量 sum 中，并输出 sum。在运行过程中捕获异常，并返回异常出现的行号，同时确保异常出现时能够释放所占文件资源。

【实验步骤】

```
#read.py
sum=0
file=None
try:
    file=open('data.txt', 'r')
    current_row=0
    for num, line in enumerate(file):
        current_row=num
        sum+=float(line)
    print('sum=', sum)
except FileNotFoundError:
    print('file not found')
except ValueError:
    print('value error in line:',current_row+1)
except Exception:
    print('other exception')
finally:
    if file is not None:
        file.close()
```

习　题

一、判断题

1. 文件打开的默认方式是只读。　（　　）

2. 打开一个可读写的文件，如果文件存在，则会被覆盖。　（　　）

3. 使用 write()方法写入文件时，数据会追加到文件的末尾。　（　　）

4. read()方法只能一次性读取文件中的所有数据。　（　　）

二、编程题

1. 读取一个文件，显示除以＃开头的行外的所有行。

2. 打开一个英文文本文件，编写程序，读取其内容，并把其中的大写字母变成小写字母，小写字母变成大写字母。

第7章　类和对象

【学习目标】

通过本章的学习，应达到如下学习目标：

1. 掌握面向对象的概念，包括抽象、封装、对象、类、属性、方法、消息、继承、多态。

2. 运用定义编写各种类，创造出符合要求的对象，并恰当调用类中的方法。重点包括如何从需求中抽象出一个类，如何构建类的结构，如何使用构造方法和析构方法。

3. 根据要求编写有关继承的案例，能说明多态案例的含义。

【单元导学】

第7章思维导图如图7-1所示。

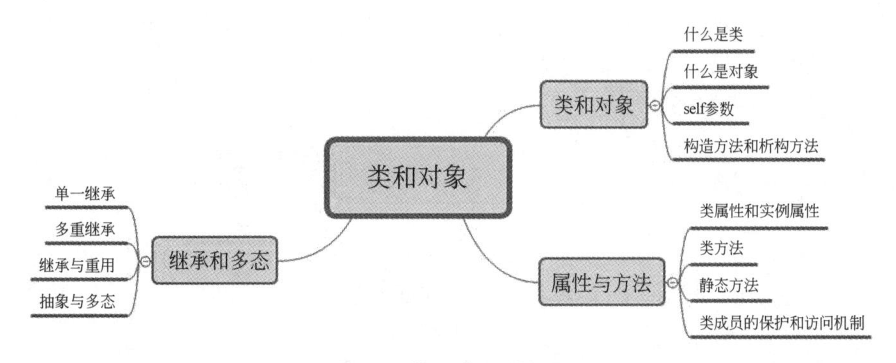

图7-1　第7章思维导图

本章重点主要包括以下部分。

抽象部分：类的概念、类的定义格式、对象的概念、对象的定义格式、类的属性和对象的属性、构造方法和析构方法、静态方法。

继承与多态部分：继承的概念、单一继承、多重继承、多态。

本章难点主要包括：构造方法、析构方法、静态方法、单一继承。

【知识回顾】

第6章重点介绍了文件的有关操作，复习第6章内容，编写代码，创建两个文本文件，将文件中的内容读出，之后合并读出的内容并写入一个新的文本文件。

文件样例：

```
C:\a.txt 内存储了字符串"Hello"
C:\b.txt 内存储了字符串"Python"
```

合并文件样例：

向 C:\c.txt 内写入字符串"Hello Python"

【学前准备】

为了更好地完成本章的学习,请首先做到:

1. 查阅抽象的具体定义,并能举例说明。
2. 查阅类和对象的关系,并能举例说明。

实验 7-1 类的定义

【实验目的】

1. 熟悉面向对象中抽象的含义。
2. 熟悉编写类定义的方法。

【实验内容】

定义工人(Worker)类,其中包含工号(wno)属性,它是工人的唯一标识;显示工号的函数(showNo),用来输出工号(wno)变量信息。

【实验步骤】

根据要求编写类。

```
class Worker:                             #定义 Worker 类
wno=2022001                               #为工号成员定义赋值
    def showno(self):                     #函数定义
        print(self.wno)
```

注意:本程序没有任何执行结果,需要通过实验 7-2 显示结果。

实验 7-2 对象的定义和成员的访问

【实验目的】

1. 理解类和对象的区别和联系。
2. 熟悉类的成员访问。

【实验内容】

请为实验 7-1 中的 Worker 类实例化对象 wk1,首先显示对象 wk1 中的 wno 属性;然后修改其中的 wno 属性为 2022002,并使用 showno()方法显示新修改的工号内容。

【实验步骤】

在实验 7-1 的基础上继续按照要求编写程序:

```
class Worker:
    wno=2022001
    def showno(self):
        print(self.wno)
wk1=Worker()                        #实例化对象 wk1
print(wk1.wno)
wk1.wno=2022002                     #修改 wno 属性的值
wk1.showno()
```

实验 7-3　类和对象的综合使用

【实验目的】

1. 运用类的概念按照要求编写代码。
2. 能写出类的成员访问语句。

【实验内容】

定义空调类，其中包含温度（temperature）、风速（speed）、电源开关（on）3 个属性，以及成员方法：调节温度方法（set_temp）、设置风速方法（set_speed）、开关状态转换方法（turn_onoff）。创建空调类的对象，打开空调，设置温度为 24℃，风速为 3 级。

【实验步骤】

按照要求编写程序。

```
class Airconditioning:                          #编写空调类
    temperature=26                              #创建并设置温度为 26℃
    speed=1
    on=False
    def turn_onoff(self):                       #电源开关方法
        if self.on==False:
            self.on=True
        else:
            self.on=False
    def set_temp(self,new_temp):                #调节温度方法
        self.temperature=new_temp
    def set_speed(self,new_speed):
        self.speed=new_speed

ac=Airconditioning()                            #创建对象
ac.turn_onoff()                                 #调用开关函数
ac.set_temp(24)
ac.set_speed(3)
print(ac.on,ac.temperature,ac.speed)            #输出各属性的状态
```

实验 7-4　构造方法和析构方法

【实验目的】

1. 体会构造方法和析构方法的含义。
2. 准确编写含有构造方法和析构方法的类。

【实验内容】

定义矩形(Rectangle)类，其中包含长(length)和宽(width)属性，请编写构造函数，为创建的矩形通过代入的参数初始化长和宽，编写面积函数 cal_area()用于计算矩形的面积，编写析构函数，在析构函数中输出“Destructor called”。

【实验步骤】

根据要求编写类。

```
class Rectangle:
    def __init__(self,l,w):                     #构造函数
        self.length=l
        self.width=w
    def cal_area(self):                         #普通成员函数
        return self.length * self.width
    def __del__(self):                          #析构函数
        print("Destructor called")
r1=Rectangle(3,4)
area=r1.cal_area()
print(area)
del r1
```

实验 7-5　类属性和实例属性

【实验目的】

1. 体会类属性和实例属性的含义。
2. 准确编写含有类属性和实例属性的程序。

【实验内容】

定义大象(Elephant)类，其中包含类属性：体型(size)和实例属性：年龄(age)、名字(name)。

【实验步骤】

根据要求编写类。

```
class Elephant:
    size='Big'                          #类属性 size
    def __init__(self,ag,nm):
        self.age=ag                     #实例属性 age
        self.name=nm                    #实例属性 name
e1=Elephant(4,'Hello')
e2=Elephant(5,'Kitty')
print(e1.age,e1.name)
print(e2.age,e2.name)
print(Elephant.size)
```

实验 7-6　公有属性和私有属性

【实验目的】

1. 体会公有和私有的含义。
2. 准确编写含公有属性和私有属性的程序。

【实验内容】

定义货物(Goods)类,其中包含私有实例属性:质量(weight);公有实例属性:货物编号(no)。请编写程序,使用构造函数初始化上述属性,随后输出初始化的变量。

【实验步骤】

根据要求编写类。

```
class Goods:
    def __init__(self,weight,no):
        self.__weight=weight            #私有成员的定义
        self.no=no
    def get_weight(self):
        return self.__weight
g1=Goods(100,100300)
print("质量: ",g1.get_weight())         #若替换为 print(G1.__weight),则程序出错
print("质量: ",g1._Goods__weight)       #强制访问私有变量,不推荐
print("编号: ",g1.no)
```

实验 7-7　公有方法和私有方法

【实验目的】

1. 体会公有和私有的含义。
2. 准确编写含公有方法和私有方法的程序。

【实验内容】

定义货物(Goods)类,其中包含私有实例属性:质量(weight)、尺寸(size);公有实例属性:货物编号(no)。请编写程序,使用构造函数初始化上述属性,并定义私有方法:输出质量(outputWeight())和输出尺寸(outputSize());定义公有方法:输出(output()),分别调用前述两个私有方法输出私有属性质量和尺寸。

【实验步骤】

根据要求编写类。

```
class Goods:
    def __init__(self,weight,size,no):
        self.__weight=weight
        self.__size=size
        self.no=no

    def __outputWeight(self):                    #私有成员函数
        print(self.__weight)                     #私有属性

    def __outputSize(self):
        print(self.__size)

    def output(self):
        self.__outputWeight()
        self.__outputSize()

g1=Goods(100,20,100300)
g1.output()                                      #若使用 g1.__outputWeight(),则程序出错
print("编号: ",g1.no)
```

实验 7-8 单 一 继 承

【实验目的】

1. 体会单一继承的含义。
2. 体会继承在面向对象体系中的作用。
3. 准确编写包含单一继承语法的程序。

【实验内容】

定义动物(Animal)类作为父类,其中包含类属性:体型(size),赋值为'small';实例属性:颜色(color)。定义鸟(Bird)类,其继承自动物类,并且再定义子类的新实例属性:名字(name)。要求:动物类和鸟类都拥有构造函数,在动物类中使用构造函数初始化体型和颜色属性,在鸟类中初始化名字属性,最后创建鸟类的对象,输出该对象的体型、颜色和名字。

【实验步骤】

根据要求编写类。

```
class Animal(object):                  #继承 object 是使用系统提供通用基类属性的前提
    size='Small'
    def __init__(self,cl):
        self.color=cl
class Bird(Animal):                    #单继承
    def __init__(self,nm):
        super().__init__('Black')
        self.name=nm
a1=Animal('Red')
print(a1.size)
print(a1.color)                        #print(a1.name)出错
b1=Bird('Hummingbird')
print(b1.size)                         #继承 Animal 的 size 属性
print(b1.color)
print(b1.name)
```

实验 7-9 多重继承

【实验目的】

1. 在单一继承的基础上理解多重继承的含义。
2. 准确编写包含多重继承语法的程序。

【实验内容】

定义鸟(Bird)类作为父类 1,其中包含方法:飞翔(fly()),调用其可以输出“我能飞”;定义恐龙(Dinosaur)类作为父类 2,其中包含方法:奔跑(run()),调用其可以输出“我能跑”;定义子类公鸡(Cock)类,多重继承自鸟类和恐龙类,在子类中的方法有天才(talent()),分别调用两个父类中的飞翔方法和奔跑方法,并输出“我全能”。

【实验步骤】

根据要求编写类。

```
class Bird(object):
    def fly(self):
        print('我能飞')
class Dinosaur(object):
    def run(self):
        print('我能跑')
class Cock(Bird,Dinosaur):                     #多重继承
    def talent(self):
```

```
        self.fly()
        self.run()
        print('我全能')
c1=Cock()
c1.talent()
```

习　题

一、判断题

1. 一个类中可以有公有成员，也可以有私有成员，也可以公有、私有成员都有。（　　）
2. 在 Python 语言中，构造函数不允许拥有参数。（　　）
3. self 参数没有实际意义，可以忽略不写。（　　）
4. 子类不能再被继承。（　　）
5. 子类中除了自己定义的成员外，还包含它的父类成员。（　　）
6. 析构方法是一种函数体为空的成员方法。（　　）
7. 定义类时，类名前不需要加 class 关键字。（　　）
8. 类是抽象的，对象是具体的、实实在在的一个事物。（　　）
9. 一个类只能创建一个对象。（　　）
10. __init__函数是创建对象时由系统自动调用的。（　　）

二、问答题

1. 什么是类？为什么说类是一种抽象数据类型的实现？
2. 类的成员一般分为哪两部分？这两部分分别有何作用？
3. 从访问权限的角度看，有几种类的成员？它们的写法分别是什么？
4. 什么是构造方法和析构方法？它们各有哪些功能、特点？
5. 什么是继承？为什么说它是面向对象的重要机制？

三、编程题

1. 创建消防员类，添加成员编号(fno)，修改并输出其值。

分析：

创建消防员(Fireman)类，其中包含编号(fno)属性，用来标识消防员，初始编号为67876；显示工号的函数(showNo())，用来输出工号(fno)的变量信息。要求：实例化对象fm1，首先显示对象 fm1 中的 fno 属性；然后修改其中的 fno 属性为 12321，并使用 showNo()方法显示新修改的编号内容。

输入样例：

```
无
```

输出样例：

```
初始为 fno=67876
修改为 fno=12321
```

2. 创建汽车类，分别设置挡位、速度、开关 3 个类属性和调节温度、设置风速、开关状态转换 3 个成员方法。

分析：

定义汽车类(Car)，其中包含挡位(gear)、速度(speed)、开关(on)3 个属性，以及成员方法：调节温度方法(set_gear())、设置风速方法(set_speed())、开关状态转换方法(turn_onoff())。该车的挡位分为 D、N、R、P 四挡，速度为 0～220km/h。请创建汽车类的对象，打开汽车，挡位为 D 挡，速度为 40km/h。

输入样例：

```
无
```

输出样例：

```
on=True
gear=D
speed=40
```

3. 创建汽车类，使用构造方法初始化所有成员，再使用析构方法将所有成员清空。

分析：

在上例汽车类的基础上添加构造方法，功能为初始化 gear 为 P 挡，speed 为 0，开关为 False。请创建汽车类的对象，汽车初始状态为关闭，挡位为 P，速度为 0；继续执行操作，打开汽车，挡位为 D 挡，速度为 40km/h，并调用析构方法，再次把该车的状态恢复 gear 为 P 挡，speed 为 0，开关为 False。

输入样例：

```
无
```

输出样例：

```
on=False
gear=P
speed=0
on=True
gear=D
speed=40
on=False
gear=P
speed=0
```

4. 编程实现单继承。创建交通工具(Vehicle)类、汽车(Car)类，汽车类继承自交通工具类。

分析：

定义交通工具(Vehicle)类作为父类，其中包含类属性：类型(type)、赋值'truck'，颜色(color)、赋值'red'。定义汽车(Car)类，其继承自交通工具类，并且再定义子类的新实例属性：品牌(brand)。要求：交通工具类和汽车类都拥有构造函数，在交通工具类中使用构造函数初始化类型和颜色属性，在汽车类中初始化品牌属性，最后创建汽车类的对象，输出该对象的类型、颜色和品牌属性。

输入样例：

无

输出样例：

```
type=truck
color=red
brand=Changcheng
```

第 8 章　Numpy 与 Pandas

【学习目标】

通过本章的学习,应达到如下学习目标:

1. 熟悉 Numpy 库的使用及主要对象 ndarray 的使用方法,包括创建常见数组,数组的运算,数组元素的添加、删除、修改等操作,能够通过不同的索引方式选择数据,对 ndarray 数组进行重塑、旋转或转置等操作修改数组,并能够用数组的分隔或拼接等操作构造数组,能够通过特定的排序条件修改数组。

2. 数组 Pandas 库的使用及 Series、DataFrame 对象的使用方法,主要包括数据的导入与导出功能,DataFrame 对象的行和列的索引、重命名,多个对象的拼接合并,根据一定条件对 DataFrame 的数据进行排序、过滤、分组、统计等操作。

【单元导学】

第 8 章思维导图如图 8-1 所示。

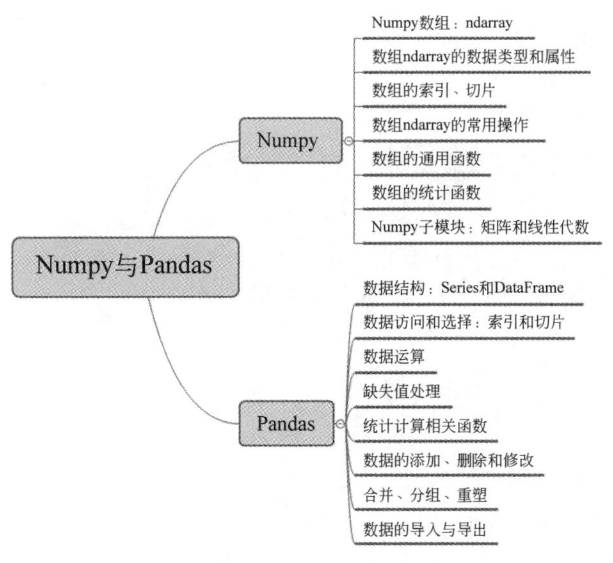

图 8-1　第 8 章思维导图

本章重难点如下。

重点:ndarray 对象的操作及使用方法,DataFrame 对象的使用。

难点:ndarray 对象的索引及重塑方法,筛选和排序操作,DataFrame 对象的索引筛选统计分组方法。

【知识回顾】

第 7 章重点介绍了面向对象的相关知识，复习第 7 章内容，编写代码，创建一个类 Time 表示时间，每个该类的实例都包含属性 hour、minute、second，分别表示时、分、秒，同时也包含显示时间的公有方法 display()，用来格式化输出时间类的实例。

【学前准备】

ipython 是一个 Python 的交互式 Shell 工具，支持变量自动补全、自动代码缩进等功能，输出界面格式化，能够让我们更方便地学习 Python，也是常用的科学计算和交互编程的平台。

创建 ipython 实验环境：

```
>pip install numpy pandas
>pip install ipython
>pip list
```

实验 8-1　Numpy 库和 ndarray 对象

【实验目的】

1. 认识 ndarray 对象的常用属性。
2. 了解 ndarray 的数据类型和属性。

【实验内容】

认识 ndarray 对象的属性及方法。

【实验步骤】

打开 ipython，输入以下代码创建一个 ndarray 对象。

```
In [1]: import numpy as np
In [2]: a=np.arange(20).reshape(4,5)
In [3]:a
Out[3]:
        array([[ 0,  1,  2,  3,  4],
               [ 5,  6,  7,  8,  9],
               [10, 11, 12, 13, 14],
               [15, 16, 17, 18, 19]])
```

输入代码，查看该对象的不同属性：

1. 对象 a 的类型。
2. 对象 a 的维度。
3. 对象 a 的形状。
4. 对象 a 中元素的数据类型。

5. 对象 a 的元素个数。

6. 对象 a 中每个元素的大小。

7. 尝试自己创建一个 ndarray 对象,并查看上面的元素。

参考信息:

方法名	功 能 描 述
.ndim	维度
.shape	每个维度的长度
.size	元素的总个数
.dtype	元素类型
.itemsize	每个元素的大小,以字节为单位
.flags	对象的内存信息

```
In [5]: type(a)
Out[5]: numpy.ndarray
In [6]: a.shape
Out[6]: (4, 5)
In [7]: a.dtype
Out[7]: dtype('int32')
In [8]: a.size
Out[8]: 20
In [9]: a.itemsize
Out[9]: 4
```

实验 8-2　利用 Numpy 创建常用数列

【实验目的】

1. 熟练掌握利用 Numpy 创建常用 ndarray 数组的方法。

2. 熟悉构造常用 ndarray 数组的关键参数。

3.从已有数据创建 ndarray 数组。

【实验内容】

1. 创建一个空数组,维度为(4, 3),类型为 float。

2. 创建一个零数组,维度为(4, 5),类型为 int。

3. 创建一个元素都是 1 的数组,维度为(3, 4),类型为 int。

4. 创建一个随机数组,维度为(5, 5)。

5. 根据一个 array-like 数据创建 ndarray,如 list、tuple、list 嵌套 list。

6. 创建一个 1～30 步长为 3 的数组。

7. 创建一个等差数列,起始值为 1,结束值为 21,共 6 个元素。

8. 创建一个等比数列{$2n$},其中 n 的值为 1～9,步长为 2。

【实验步骤】

```
In [1]: import numpy as np
In [2]: np.empty((4,3), float)
Out[2]:
array([[6.23042070e-307, 8.90092016e-307, 1.24610994e-306],
       [1.60219035e-306, 2.22522597e-306, 1.33511969e-306],
       [1.24610383e-306, 1.06809792e-306, 6.23058707e-307],
       [9.34602321e-307, 1.42410974e-306, 2.56761491e-312]])
In [3]:np.zeros((4,5),int)
Out[3]:
array([[0, 0, 0, 0, 0],
       [0, 0, 0, 0, 0],
       [0, 0, 0, 0, 0],
       [0, 0, 0, 0, 0]])
In [4]: np.zeros((4,5),int)
Out[4]:
array([[0, 0, 0, 0, 0],
       [0, 0, 0, 0, 0],
       [0, 0, 0, 0, 0],
       [0, 0, 0, 0, 0]])
In [5]: np.ones((3,4), int)
Out[5]:
array([[1, 1, 1, 1],
       [1, 1, 1, 1],
       [1, 1, 1, 1]])
In [6]: np.random.random((5,5,))
Out[6]:
array([[0.56352617, 0.5606516, 0.20591753, 0.38199308, 0.22929173],
       [0.27035756, 0.38710153, 0.11222191, 0.18137857, 0.98809835],
       [0.61860538, 0.79312175, 0.52846797, 0.5535532, 0.42722917],
       [0.21185131, 0.29180475, 0.43271421, 0.46369318, 0.57299972],
       [0.01738345, 0.46833677, 0.19855054, 0.72546657, 0.02895064]])
In [7]: a=[ i**2 for i in range(10) ]
In [8]: a
Out[8]: [0, 1, 4, 9, 16, 25, 36, 49, 64, 81]
In [9]: np.asarray(a)
Out[9]: array([ 0,  1,  4,  9, 16, 25, 36, 49, 64, 81])
In [10]: np.arange(1, 30,3)
Out[10]: array([ 1,  4,  7, 10, 13, 16, 19, 22, 25, 28])
In [11]: np.linspace(1,20,6)
Out[11]: array([ 1.,  4.8,  8.6, 12.4, 16.2, 20. ])
In [12]: np.logspace(1, 9, 5, base=2)
Out[12]: array([  2.,   8.,  32., 128., 512.])
```

实验 8-3　ndarray 的运算

【实验目的】

1. 掌握 ndarray 数组进行运算的规则。
2. 掌握使用数学函数计算 ndarray 数组的方法。
3. 掌握 Numpy 提供的常用统计函数的使用方法。

【实验内容】

1. 创建一个 ndarray 数组，元素为 0～2pi，步长为 0.1。
2. 分别通过 sin()、cos()计算第 1 步中数组的所有元素对应的值。
3. 利用第 2 步得到的数据验证 $\sin^2 x+\cos^2 x=1$ 是否成立。
4. 利用 max()、min()、average()、var()等方法计算统计量。

【实验步骤】

```
In [1]: import numpy as np
In [2]: x=np.arange(0, 2 * np.pi, 0.1)
In [3]: sinx=np.sin(x)
In [4]: cosx=np.cos(x)
In [5]: sinx
Out[5]:
array([ 0.        ,  0.09983342,  0.19866933,  0.29552021,  0.38941834,
       … …
      -0.2794155, -0.1821625, -0.0830894 ])
  In [6]: cosx
  Out[6]:
array([ 1.        ,  0.99500417,  0.98006658,  0.95533649,  0.92106099,
       … …
       0.96017029,  0.98326844,  0.9965421 ])
  In [7]: sinx**2+cosx**2
  Out[7]:
array([1., 1., 1., 1., 1., 1., 1., 1., 1., 1., 1., 1., 1., 1., 1., 1., 1.,
       … …
      1., 1., 1., 1., 1., 1., 1., 1., 1., 1., 1., 1.])
In [8]: np.max(sinx)
Out[8]: 0.9995736030415051
In [9]: np.min(cosx)
Out[9]: -0.9991351502732795
In [10]: np.average(sinx)
Out[10]: -0.00011102368734680161
In [11]: np.var(cosx)
Out[11]: 0.5013249241531442
```

实验 8-4　ndarray 索引和切片

【实验目的】

1. 利用索引选择数据。
2. 了解布尔索引。
3. 了解切片操作。

【实验内容】

1. 熟练运用 ndarray 数组的切片操作。
2. 理解并运用 ndarray 中的索引规则。
3. 使用布尔索引对数组进行筛选。

【实验步骤】

```
In [1]: import numpy as np
In [2]: b=np.fromfunction(lambda x, y:  10 * x+y, (5,4), dtype=int)
In [3]: b
Out[3]:
    array([[ 0,  1,  2,  3],
           [10, 11, 12, 13],
           [20, 21, 22, 23],
           [30, 31, 32, 33],
           [40, 41, 42, 43]])
In [5]: b[2,3]
Out[5]: 23
In [6]: b[:, 1]
Out[6]:
    array([ 1, 11, 21, 31, 41])
In [7]: b[0:5, 2]
Out[7]:
    array([ 2, 12, 22, 32, 42])
In [8]: b[1:3,:]
Out[8]:
    array([[10, 11, 12, 13],
           [20, 21, 22, 23]])
In [9]: c=np.arange(12).reshape(2,2,3)
In [10]: c
Out[10]:
    array([[[ 0,  1,  2],
            [ 3,  4,  5]],
           [[ 6,  7,  8],
            [ 9, 10, 11]]])
```

```
In [11]: c[1, ...]
Out[11]:
    array([[ 6,  7,  8],
           [ 9, 10, 11]])
In [12]: c[..., 2]
Out[12]:
    array([[ 2,  5],
           [ 8, 11]])
In [14]: c[...,1,2]
Out[14]:
    array([ 5, 11])
#索引是 list / tuple
In [18]: x=np.arange(100).reshape(10,10)
In [19]: x
Out[19]:
    array([[ 0,  1,  2,  3,  4,  5,  6,  7,  8,  9],
           [10, 11, 12, 13, 14, 15, 16, 17, 18, 19],
           [20, 21, 22, 23, 24, 25, 26, 27, 28, 29],
           [30, 31, 32, 33, 34, 35, 36, 37, 38, 39],
           [40, 41, 42, 43, 44, 45, 46, 47, 48, 49],
           [50, 51, 52, 53, 54, 55, 56, 57, 58, 59],
           [60, 61, 62, 63, 64, 65, 66, 67, 68, 69],
           [70, 71, 72, 73, 74, 75, 76, 77, 78, 79],
           [80, 81, 82, 83, 84, 85, 86, 87, 88, 89],
           [90, 91, 92, 93, 94, 95, 96, 97, 98, 99]])
In [20]: a=[1,2,3]
In [21]: x[a]
Out[21]:
    array([[10, 11, 12, 13, 14, 15, 16, 17, 18, 19],
           [20, 21, 22, 23, 24, 25, 26, 27, 28, 29],
           [30, 31, 32, 33, 34, 35, 36, 37, 38, 39]])
In [24]: b=[[1,0], [2,0]]
In [25]: x[b]
Out[25]: array([12,  0])
#索引是 ndarray
In [27]: a=np.array([1,2,3])
In [28]: a
Out[28]: array([1, 2, 3])
In [29]: x[a]
Out[29]:
    array([[10, 11, 12, 13, 14, 15, 16, 17, 18, 19],
           [20, 21, 22, 23, 24, 25, 26, 27, 28, 29],
           [30, 31, 32, 33, 34, 35, 36, 37, 38, 39]])
In [31]: b=np.array([[1,2], [5,7]])
In [32]: b
```

```
Out[32]:
    array([[1, 2],
           [5, 7]])
In [33]: x[b]
Out[33]:
    array([[[10, 11, 12, 13, 14, 15, 16, 17, 18, 19],
            [20, 21, 22, 23, 24, 25, 26, 27, 28, 29]],
            [[50, 51, 52, 53, 54, 55, 56, 57, 58, 59],
             [70, 71, 72, 73, 74, 75, 76, 77, 78, 79]]])
In [34]: c=np.array([[[1,2], [3,4]], [[5,7], [8,5]]])
In [35]: c
Out[35]:
    array([[[1, 2],
           [3, 4]],
           [[5, 7],
            [8, 5]]])
In [36]: x[c]
Out[36]:
    array([[[[10, 11, 12, 13, 14, 15, 16, 17, 18, 19],
            [20, 21, 22, 23, 24, 25, 26, 27, 28, 29]],
           [[30, 31, 32, 33, 34, 35, 36, 37, 38, 39],
            [40, 41, 42, 43, 44, 45, 46, 47, 48, 49]]],
          [[[50, 51, 52, 53, 54, 55, 56, 57, 58, 59],
            [70, 71, 72, 73, 74, 75, 76, 77, 78, 79]],
           [[80, 81, 82, 83, 84, 85, 86, 87, 88, 89],
            [50, 51, 52, 53, 54, 55, 56, 57, 58, 59]]]])
#布尔索引
In [37]: x=np.arange(12).reshape(3,4)
In [38]: b=x>4
In [39]: b
Out[39]:
    array([[False, False, False, False],
           [False,  True,  True,  True],
           [ True,  True,  True,  True]])
In [40]: x[b]
Out[40]: array([ 5,  6,  7,  8,  9, 10, 11])
In [54]: x
Out[54]:
    array([[ 0,  1,  2,  3],
           [ 4,  5,  6,  7],
           [ 8,  9, 10, 11]])
In [55]: x[b1]
Out[55]: array([[4, 5, 6, 7]])
In [56]: x
Out[56]:
```

```
    array([[ 0,  1,  2,  3],
           [ 4,  5,  6,  7],
           [ 8,  9, 10, 11]])
In [57]: b1=np.array([False, True, True])
In [58]: x[b1,:]
Out[58]:
    array([[ 4,  5,  6,  7],
           [ 8,  9, 10, 11]])
In [59]: b2=np.array([True, False, True, False])
In [60]: x[:,b2]
Out[60]:
    array([[ 0,  2],
           [ 4,  6],
           [ 8, 10]])
In [61]: x[b1, b2]
Out[61]: array([ 4, 10])
```

实验 8-5 ndarray 的重塑与转置

【实验目的】

利用 Numpy 提供的方法在不改变数据的情况下修改数组形状，再利用 flatten()方法将任意形状的数组展开为一维数组，利用 transpose()方法翻转数组，理解 transpose()方法参数的含义及使用方式。

【实验内容】

1. 理解 reshape()方法及参数的含义。
2. 利用 flatten()方法将原数组展开为一维数组。
3. 利用 transpose()方法翻转数组。

【实验步骤】

```
In [62]: x=np.arange(12)
In [63]: x.shape
Out[63]: (12,)
In [64]: x.reshape(3,4)
Out[64]:
    array([[ 0,  1,  2,  3],
           [ 4,  5,  6,  7],
           [ 8,  9, 10, 11]])
In [65]: x.shape
Out[65]: (12,)
In [66]: x.reshape(2,6)
Out[66]:
```

```
    array([[ 0,  1,  2,  3,  4,  5],
           [ 6,  7,  8,  9, 10, 11]])
In [67]: x=x.reshape(4,3)
In [68]: x.shape
Out[68]: (4, 3)
In [69]: x
Out[69]:
    array([[ 0,  1,  2],
           [ 3,  4,  5],
           [ 6,  7,  8],
           [ 9, 10, 11]])
In [70]: x.flatten()
Out[70]: array([ 0,  1,  2,  3,  4,  5,  6,  7,  8,  9, 10, 11])
#翻转（转置）
In [79]: x
Out[79]:
    array([[[ 0,  1,  2,  3],
            [ 4,  5,  6,  7],
            [ 8,  9, 10, 11]],
           [[12, 13, 14, 15],
            [16, 17, 18, 19],
            [20, 21, 22, 23]]])
In [80]: x.shape
Out[80]: (2, 3, 4)
In [81]: np.transpose(x, axes=(0,1,2))
Out[81]:
    array([[[ 0,  1,  2,  3],
            [ 4,  5,  6,  7],
            [ 8,  9, 10, 11]],
           [[12, 13, 14, 15],
            [16, 17, 18, 19],
            [20, 21, 22, 23]]])
In [82]: np.transpose(x, axes=(1,0,2))
Out[82]:
    array([[[ 0,  1,  2,  3],
            [12, 13, 14, 15]],
           [[ 4,  5,  6,  7],
            [16, 17, 18, 19]],
           [[ 8,  9, 10, 11],
            [20, 21, 22, 23]]])
In [83]: np.transpose(x, axes=(1,0,2)).shape
Out[83]: (3, 2, 4)
In [84]: np.transpose(x, axes=(2,1,0))
Out[84]:
    array([[[ 0, 12],
```

```
            [ 4, 16],
            [ 8, 20]],
           [[ 1, 13],
            [ 5, 17],
            [ 9, 21]],
           [[ 2, 14],
            [ 6, 18],
            [10, 22]],
           [[ 3, 15],
            [ 7, 19],
            [11, 23]]])
In [85]: np.transpose(x, axes=(2,1,0)).shape
Out[85]: (4, 3, 2)
In [71]: x
Out[71]:
    array([[ 0,  1,  2],
          [ 3,  4,  5],
           [ 6,  7,  8],
           [ 9, 10, 11]])
In [72]: x.T
Out[72]:
    array([[ 0,  3,  6,  9],
           [ 1,  4,  7, 10],
           [ 2,  5,  8, 11]])
```

实验 8-6　ndarray 拼接与分隔

【实验目的】

利用实验 8-5 中的方法可以在不改变数据的情况下修改数组形状,但如果数组中的数据需要多个数据合并组成,就需要用拼接或分隔等方法构造特定的 ndarray 对象。

【实验内容】

1. 利用 split()方法按特定维度对数组进行切割。
2. 利用 concatenate()方法沿着特定轴连接两个数组。
3. 利用 stack()方法将两个数组沿不同轴进行拼接。

【实验步骤】

```
In [1]: import numpy as as np
In [2]: x=np.arange(9)
In [3]: x
Out[3]: array([0, 1, 2, 3, 4, 5, 6, 7, 8])
In [4]: np.split(x, 3)
```

```
Out[4]: [array([0, 1, 2]), array([3, 4, 5]), array([6, 7, 8])]
In [5]: np.split(x, [5,8])
Out[5]: [array([0, 1, 2, 3, 4]), array([5, 6, 7]), array([8])]
In [8]: x=np.arange(16).reshape(4,4)
In [9]: x
Out[9]:
    array([[ 0,  1,  2,  3],
           [ 4,  5,  6,  7],
           [ 8,  9, 10, 11],
           [12, 13, 14, 15]])
In [10]: np.hsplit(x, 2)
Out[10]:
    [array([[ 0,  1],
            [ 4,  5],
            [ 8,  9],
            [12, 13]]),
     array([[ 2,  3],
            [ 6,  7],
            [10, 11],
            [14, 15]])]
In [11]: np.hsplit(x, np.array([3,6]))
Out[11]:
    [array([[ 0,  1,  2],
            [ 4,  5,  6],
            [ 8,  9, 10],
            [12, 13, 14]]),
     array([[ 3],
            [ 7],
            [11],
            [15]]),
     array([], shape=(4, 0), dtype=int32)]
In [12]: x
Out[12]:
    array([[ 0,  1,  2,  3],
           [ 4,  5,  6,  7],
           [ 8,  9, 10, 11],
           [12, 13, 14, 15]])
In [13]: np.vsplit(x, 2)
Out[13]:
    [array([[0, 1, 2, 3],
            [4, 5, 6, 7]]),
     array([[ 8,  9, 10, 11],
        [12, 13, 14, 15]])]
In [14]: np.vsplit(x, np.array([3,6]))
Out[14]:
```

```
    [array([[ 0,  1,  2,  3],
            [ 4,  5,  6,  7],
            [ 8,  9, 10, 11]]),
     array([[12, 13, 14, 15]]),
     array([], shape=(0, 4), dtype=int32)]
In [15]: a=np.ones((2,2))
In [16]: b=np.zeros((2,2))
In [17]: a
Out[17]:
    array([[1., 1.],
           [1., 1.]])
In [18]: b
Out[18]:
    array([[0., 0.],
           [0., 0.]])
In [19]: np.concatenate((a,b), axis=1)
Out[19]:
    array([[1., 1., 0., 0.],
           [1., 1., 0., 0.]])
In [20]: np.concatenate((a,b), axis=0)
Out[20]:
    array([[1., 1.],
           [1., 1.],
           [0., 0.],
           [0., 0.]])
In [21]: c=np.zeros((2,3))
In [22]: np.concatenate((a,c), axis=1)
Out[22]:
    array([[1., 1., 0., 0., 0.],
           [1., 1., 0., 0., 0.]])
In [23]: a=np.array([1,2,3])
In [24]: b=np.array([2,3,4])
In [25]: np.stack((a,b))
Out[25]:
    array([[1, 2, 3],
           [2, 3, 4]])
In [26]: np.stack((a,b), axis=1)
Out[26]:
    array([[1, 2],
           [2, 3],
           [3, 4]])
In [27]: a=np.ones((2,2))
In [28]: b=np.zeros((2,2))
In [29]: np.stack((a,b), axis=0)
Out[29]:
```

```
    array([[[1., 1.],
            [1., 1.]],
           [[0., 0.],
            [0., 0.]]])
In [30]: np.stack((a,b), axis=1)
Out[30]:
    array([[[1., 1.],
            [0., 0.]],
           [[1., 1.],
            [0., 0.]]])
In [31]: np.stack((a,b), axis=2)
Out[31]:
    array([[[1., 0.],
            [1., 0.]],
           [[1., 0.],
            [1., 0.]]])
```

实验 8-7　在 ndarray 数组中添加或删除元素，并对元素进行筛选和排序

【实验目的】

熟悉在 ndarray 数组中添加或删除元素的方法，在此基础上对元素进行筛选和排序等操作，从而在大量数据中提取满足要求的数据，使用排序等方法组织数据。

【实验内容】

1. 利用 resize()改变数组的形状及元素个数。
2. 利用 append()向数组中添加元素。
3. 利用 insert()在特定的位置插入新的元素。
4. 利用 delete()删除数组中的元素。
5. 利用 unique()去除数组中重复的元素。
6. 筛选数组中的非零元素、满足特定条件的元素。
7. 对数组中的多个元素根据不同的轴进行排序。

【实验步骤】

```
In [36]: import numpy as as np
In [37]: x=np.array([[0,1], [2,3]])
In [38]: x
Out[38]:
    array([[0, 1],
           [2, 3]])
In [41]: np.resize(x, (2,3))
Out[41]:
```

```
    array([[0, 1, 2],
           [3, 0, 1]])
In [42]: np.append([1,2,3], [[4,5,6], [7,8,9]])
Out[42]: array([1, 2, 3, 4, 5, 6, 7, 8, 9])
In [43]: np.append([[1,2,3], [4,5,6]], [[7,8,9]], axis=0)
Out[43]:
    array([[1, 2, 3],
           [4, 5, 6],
           [7, 8, 9]])
In [48]: a=np.array([[1,1],[2,2],[3,3]])
In [49]: a
Out[49]:
    array([[1, 1],
           [2, 2],
           [3, 3]])
In [50]: np.insert(a, 1, 5)
Out[50]: array([1, 5, 1, 2, 2, 3, 3])
In [51]: np.insert(a, 1, 5, axis=1)
Out[51]:
    array([[1, 5, 1],
           [2, 5, 2],
           [3, 5, 3]])
In [52]: np.insert(a, [1], [[1],[2],[3]], axis=1)
Out[52]:
    array([[1, 1, 1],
           [2, 2, 2],
           [3, 3, 3]])
In [53]: b=np.array([1,1,2,2,3,3])
In [54]: b
Out[54]: array([1, 1, 2, 2, 3, 3])
In [55]: np.insert(b, [2,2], [5,6])
Out[55]: array([1, 1, 5, 6, 2, 2, 3, 3])
In [56]: np.insert(b, [2,3], [5,6])
Out[56]: array([1, 1, 5, 2, 6, 2, 3, 3])
In [57]: np.insert(b, [0], [5,6])
Out[57]: array([5, 6, 1, 1, 2, 2, 3, 3])
In [58]: x=np.arange(8).reshape(2,4)
In [59]: idx=(1,3)
In [60]: np.insert(x, idx, 999, axis=1)
Out[60]:
    array([[  0, 999,   1,   2, 999,   3],
           [  4, 999,   5,   6, 999,   7]])
In [45]: x=np.arange(1,13).reshape(3,4)
In [46]: x
Out[46]:
```

```
    array([[ 1,  2,  3,  4],
           [ 5,  6,  7,  8],
           [ 9, 10, 11, 12]])
In [47]: np.delete(x, 1, 0)
Out[47]:
    array([[ 1,  2,  3,  4],
           [ 9, 10, 11, 12]])
In [66]: a=np.array([[1,0,0], [1,0,0], [2,0,0]])
In [67]: a
Out[67]:
    array([[1, 0, 0],
           [1, 0, 0],
           [2, 0, 0]])
In [68]: np.unique(a)
Out[68]: array([0, 1, 2])
In [69]: np.unique(a, axis=0)
Out[69]:
    array([[1, 0, 0],
        [2, 0, 0]])
In [70]: np.unique(a, axis=1)
Out[70]:
    array([[0, 1],
           [0, 1],
           [0, 2]])
In [4]: import numpy as as np
In [5]: a=np.array([0,5,10,3,6,9])
In [6]: np.nonzero(a)
Out[6]: (array([1, 2, 3, 4, 5],dtype=int64),)
In [7]: a=np.array([0,5,10,0,0,4,8])
In [8]: np.nonzero(a)
Out[8]: (array([1, 2, 5, 6],dtype=int64),)
In [9]: a=np.arange(12)
In [10]: np.where(a>8)
Out[10]: (array([ 9, 10, 11],dtype=int64),)
In [11]: a=np.arange(12).reshape(3,4)
In [12]: np.where(a>6)
Out[12]: (array([1, 2, 2, 2, 2],dtype=int64), array([3, 0, 1, 2, 3], dtype=int64))
In [13]: a
Out[13]:
    array([[ 0,  1,  2,  3],
           [ 4,  5,  6,  7],
           [ 8,  9, 10, 11]])
In [14]: np.where(a>5, 1, -1)
Out[14]:
    array([[-1, -1, -1, -1],
```

```
        [-1, -1,  1,  1],
        [ 1,  1,  1,  1]])
In [16]: np.where(a>6, a, 0)
Out[16]:
    array([[ 0,  0,  0,  0],
           [ 0,  0,  0,  7],
           [ 8,  9, 10, 11]])
#sort
In [18]: a=np.array([[3,9,6], [6,1,8], [5,2,0]])
In [19]: a
Out[19]:
    array([[3, 9, 6],
           [6, 1, 8],
           [5, 2, 0]])
In [20]: np.sort(a)
Out[20]:
    array([[3, 6, 9],
           [1, 6, 8],
           [0, 2, 5]])
In [21]: np.sort(a,axis=1)
Out[21]:
    array([[3, 6, 9],
           [1, 6, 8],
           [0, 2, 5]])
In [22]: np.sort(a,axis=0)
Out[22]:
    array([[3, 1, 0],
           [5, 2, 6],
           [6, 9, 8]])
```

实验 8-8　Series 对象和 DataFrame 对象

【实验目的】

Pandas 是一种数据分析的利器，是一个开源的数据分析包。大部分操作都基于两种数据类型：Series 与 DataFrame。Series 是一种类似于一维数组的对象，由一组数据（数据类型包含各种 Numpy 数据类型）及一组与之相对应的数据标签（即索引）组成。DataFrame 是一个表格型的数据结构，包含一组有序的列，每列可以是不同的值类型（如数值、字符串、布尔型等）。与 Series 不同，DataFrame 既有行索引，也有列索引，可以将其看作由 Series 组成的字典。

【实验内容】

1. 理解 Series 对象，及其创建方法和使用方法。

2. 使用 Series 创建一段时间序列。

3. 重新指定 Series 的索引。

4. 理解 DataFrame 对象,及其创建方法和使用方法。

5. 通过不同的方法创建 DataFrame 对象。

6. 创建 DataFrame 对象时指定索引和列名。

【实验步骤】

```
In [1]: import pandas as pd
In [2]: import numpy as as np
In [3]: s=pd.Series([1,2,3,4,5,6,7])
In [4]: s
Out[4]:
      0    1
      1    2
      2    3
      3    4
      4    5
      5    6
      6    7
      dtype: int64
In [5]: t=pd.Series(np.arange(0, np.pi, 0.1))
In [6]: t
Out[6]:
      0    0.0
      1    0.1
      … …
      29    2.9
      30    3.0
      31    3.1
      dtype: float64
In [7]: s[0]
Out[7]: 1
In [8]: s[1]
Out[8]: 2
In [9]: s[6]
Out[9]: 7
In [10]: rng=pd.date_range('1/1/2021', periods=10, freq='d')
In [11]: rng
Out[11]:
    DatetimeIndex(['2021-01-01', '2021-01-02', '2021-01-03', '2021-01-04',
                   '2021-01-05', '2021-01-06', '2021-01-07', '2021-01-08',
                   '2021-01-09', '2021-01-10'],
                  dtype='datetime64[ns]', freq='D')
In [12]: ts=pd.Series(np.random.random(10))
```

```
In [13]: ts
Out[13]:
     0    0.165552
     1    0.806560
     2    0.289077
     3    0.801857
     4    0.395899
     5    0.188806
     6    0.669502
     7    0.720645
     8    0.423201
     9    0.118631
     dtype: float64
In [14]: ts=pd.Series(np.random.random(10), index=rng)
In [15]: ts
Out[15]:
     2021-01-01    0.490356
     2021-01-02    0.189655
     2021-01-03    0.066258
     2021-01-04    0.857032
     2021-01-05    0.139888
     2021-01-06    0.798672
     2021-01-07    0.545177
     2021-01-08    0.354068
     2021-01-09    0.796774
     2021-01-10    0.600542
     Freq: D,dtype: float64
In [16]: ts['2021-01-05']
Out[16]: 0.13988753001278686
In [1]: import numpy as as np
In [2]: import pandas as pd
In [3]: df=pd.DataFrame(np.random.random(16).reshape(4,4,))
In [4]: df
Out[4]:
            0         1         2         3
     0  0.113376  0.770140  0.678382  0.463618
     1  0.210842  0.253265  0.981793  0.972878
     2  0.857894  0.477720  0.694631  0.663126
     3  0.355838  0.837455  0.354700  0.236627
In [5]: df[1]
Out[5]:
     0    0.770140
     1    0.253265
     2    0.477720
     3    0.837455
```

```
    Name: 1,dtype: float64
In [6]: df[1][2]
Out[6]: 0.4777200267149069
In [7]: df=pd.DataFrame(np.random.randn(5,4), columns=list("ABCD"))
In [8]: df
Out[8]:
            A          B          C          D
    0  1.675826  -1.861184  -1.801480   0.874501
    1  0.573558   1.304023   1.511330   0.138847
    2  0.928243   0.579073  -0.482064  -0.359981
    3  0.070967  -0.676827  -1.077843   1.114651
    4 -1.082097   0.192162   1.688312  -0.038983
In [9]: df=pd.DataFrame(np.random.randn(5,4), index=list("abcde"))
In [10]: df
Out[10]:
            0          1          2          3
    a  0.816183  -1.142156   0.417608  -0.156682
    b  0.887572  -1.383054  -0.358407  -0.249126
    c -0.968581  -0.749549   0.166739  -0.143159
    d  1.425149  -1.533225  -1.251922  -0.591807
    e  0.745400   1.067023  -0.597573  -0.551294
In [11]: df=pd.DataFrame({'A':1,
                          'B':'string',
                          'C': list('abcd'),
                          'D': [1,2,3,4],
                          'E': np.random.random(4)})

In [12]: df
Out[12]:
       A    B    C  D      E
    0  1  string  a  1  0.114665
    1  1  string  b  2  0.811563
    2  1  string  c  3  0.069383
    3  1  string  d  4  0.122922
```

实验 8-9　导入/导出数据与重命名索引和列名

【实验目的】

1. 通过 Pandas 导入 TXT、CSV、Excel 等文件为 DataFrame 对象。
2. 导入文件时指定行和列等信息。
3. 将 DataFrame 对象导出为 Excel。
4. 根据要求对已有的 DataFrame 对象重新指定索引。
5. 对已有的 DataFrame 对象重新指定列名。

【实验内容】

进入 ipython 环境，使用 Pandas 导入 drinks.xlsx 文件，并根据表格中的数据区域指定导入参数，其表头行和列索引中跳过空白或非数据行，将列名修改为中文，再将国家一列作为行索引，最后将数据导出为 Excel 文件。

【实验步骤】

```
In [9]: import pandas as pd
In [10]: drinks=pd.read_excel(r'drinks.xlsx', header=2, usecols=[2,3,4,5,6,7])
In [11]: drinks.columns=['国家', '啤酒', '烈性酒', '红酒', '每升酒精含量总和', '区域']
In [12]: drinks.head()
Out[12]:
           国家          啤酒   烈性酒   红酒   每升酒精含量总和   区域
       0   Afghanistan   0      0        0      0.0                Asia
       1   Albania       89     132      54     4.9                Europe
       2   Algeria       25     0        14     0.7                Africa
       3   Andorra       245    138      312    12.4               Europe
       4   Angola        217    57       45     5.9                Africa

In [13]: drinks.set_index('国家', inplace=True)
In [14]: drinks.head()
Out[14]:
         国家          啤酒   烈性酒   红酒   每升酒精含量总和   区域
         Afghanistan   0      0        0      0.0                Asia
         Albania       89     132      54     4.9              Europe
         Algeria       25     0        14     0.7              Africa
         Andorra       245    138      312    12.4             Europe
         Angola        217    57       45     5.9              Africa
In [15]: drinks.to_excel('result.xlsx')
```

实验 8-10 合并、拼接及转置、排序等操作

【实验目的】

导入数据为 DataFrame 对象，对数据进行拼接、合并等操作，再利用转置等方法修改数据的行和列。

【实验内容】

1. 利用 concat()、merge()进行合并操作，连接两个 DataFrame 对象。
2. 利用 append()拼接两个 DataFrame 对象。
3. 对 DataFrame 对象进行转置，即行索引与列索引互换。

【实验步骤】

```
In [16]: import pandas as pd
In [17]: pd.read_csv('data/stocks1.csv')
Out[17]:
         Date   Close    Volume  Symbol
0  2016-10-03   31.50  14070500    CSCO
1  2016-10-03  112.52  21701800    AAPL
2  2016-10-03   57.42  19189500    MSFT
In [18]: pd.read_csv('data/stocks2.csv')
Out[18]:
         Date   Close    Volume  Symbol
0  2016-10-04  113.00  29736800    AAPL
1  2016-10-04   57.24  20085900    MSFT
2  2016-10-04   31.35  18460400    CSCO
In [19]: pd.read_csv('data/stocks3.csv')
Out[19]:
         Date   Close    Volume  Symbol
0  2016-10-05   57.64  16726400    MSFT
1  2016-10-05   31.59  11808600    CSCO
2  2016-10-05  113.05  21453100    AAPL
In [20]: df=pd.concat(pd.read_csv('data/stocks%d.csv'%i) for i in [1,2,3])
In [21]: df
Out[21]:
         Date   Close    Volume  Symbol
0  2016-10-03   31.50  14070500    CSCO
1  2016-10-03  112.52  21701800    AAPL
2  2016-10-03   57.42  19189500    MSFT
0  2016-10-04  113.00  29736800    AAPL
1  2016-10-04   57.24  20085900    MSFT
2  2016-10-04   31.35  18460400    CSCO
0  2016-10-05   57.64  16726400    MSFT
1  2016-10-05   31.59  11808600    CSCO
2  2016-10-05  113.05  21453100    AAPL
In [22]: df1=pd.DataFrame({'key': list('XYZ') * 2, 'value_1': list(range(6))})
In [23]: df2=pd.DataFrame({'key': list('QYX'), 'value_2': [1,2,3]})
In [24]: df1
Out[24]:
  key  value_1
0   X    0
1   Y    1
2   Z    2
3   X    3
4   Y    4
5   Z    5
```

```
In [25]: df2
Out[25]:
     key   value_2
   0  Q       1
   1  Y       2
   2  X       3
In [26]: pd.merge(df1, df2, on='key', how='inner')
Out[26]:
     key  value_1  value_2
   0  X      0        3
   1  X      3        3
   2  Y      1        2
   3  Y      4        2
In [27]: pd.merge(df1, df2, on='key', how='left')
Out[27]:
     key  value_1  value_2
   0  X      0      3.0
   1  Y      1      2.0
   2  Z      2      NaN
   3  X      3      3.0
   4  Y      4      2.0
   5  Z      5      NaN
In [28]: pd.merge(df1, df2, on='key', how='right')
Out[28]:
     key  value_1  value_2
   0  Q     NaN       1
   1  Y     1.0       2
   2  Y     4.0       2
   3  X     0.0       3
   4  X     3.0       3
In [29]: pd.merge(df1, df2, on='key', how='outer')
Out[29]:
     key  value_1  value_2
   0  X     0.0     3.0
   1  X     3.0     3.0
   2  Y     1.0     2.0
   3  Y     4.0     2.0
   4  Z     2.0     NaN
   5  Z     5.0     NaN
   6  Q     NaN     1.0
In [30]: import numpy as as np
In [31]: df=pd.DataFrame(np.arange(40).reshape(10,4))
In [32]: df
Out[32]:
         0   1   2   3
```

```
        0   0   1   2   3
        1   4   5   6   7
        2   8   9  10  11
        3  12  13  14  15
        4  16  17  18  19
        5  20  21  22  23
        6  24  25  26  27
        7  28  29  30  31
        8  32  33  34  35
        9  36  37  38  39
In [33]: s=df.iloc[3]
In [34]: s
Out[34]:
        0    12
        1    13
        2    14
        3    15
        Name: 3,dtype: int32
In [35]: df.append(s, ignore_index=True)
Out[35]:
             0   1   2   3
        0    0   1   2   3
        1    4   5   6   7
        2    8   9  10  11
        3   12  13  14  15
        4   16  17  18  19
        5   20  21  22  23
        6   24  25  26  27
        7   28  29  30  31
        8   32  33  34  35
        9   36  37  38  39
        10  12  13  14  15
In [36]: df.T
Out[36]:
           0  1   2   3   4   5   6   7   8   9
        0  0  4   8  12  16  20  24  28  32  36
        1  1  5   9  13  17  21  25  29  33  37
        2  2  6  10  14  18  22  26  30  34  38
        3  3  7  11  15  19  23  27  31  35  39
```

实验 8-11 索引操作、筛选、统计、分组

【实验目的】

熟悉 DataFrame 对象的索引操作，能够根据要求从 DataFrame 对象中筛选出需要的数

据，并会使用分组及统计等功能简单处理数据。

【实验内容】

1. 使用 loc()、iloc()等方法选择数据。
2. 对 DataFrame 对象进行筛选过滤操作。
3. 对 DataFrame 对象进行简单统计及分组统计。

【实验步骤】

```
In [37]: import pandas as pd
In [38]: df=pd.read_excel('data/drinks.xlsx', header=2, usecols=[2,3,4,5,6,7])
In [39]: df.head()
Out[39]:
                 country    beer_servings    spirit_servings    wine_servings
     total_litres_of_pure_alcohol continent
     0       Afghanistan    0                0                  0
     0.0     Asia
     1       Albania        89               132                54
     4.9     Europe
     2       Algeria        25               0                  14
     0.7     Africa
     3       Andorra        245              138                312
     12.4    Europe
     4       Angola         217              57                 45
     5.9     Africa
In [40]: df.loc[0:20, ('beer_servings', 'wine_servings')]
Out[40]:
           beer_servings  wine_servings
       0               0              0
       1              89             54
       2              25             14
       3             245            312
       ……
       17            263              8
       18             34             13
       19             23              0
       20            167              8
In [41]: df.iloc[0:5, 0:3]
Out[41]:
              country  beer_servings  spirit_servings
       0  Afghanistan              0                0
       1      Albania             89              132
       2      Algeria             25                0
       3      Andorra            245              138
       4       Angola            217               57
```

```
In [42]: df.iloc[[1,2,3,4], [0,2,4,]]
Out[42]:
     country  spirit_servings  total_litres_of_pure_alcohol
  1  Albania              132                           4.9
  2  Algeria                0                           0.7
  3  Andorra              138                          12.4
  4   Angola               57
In [43]: df['beer_servings'].mean()
Out[43]: 106.16062176165804
In [44]: b_mean=df['beer_servings'].mean()
In [45]: df[df['beer_servings']>b_mean]
Out[45]:
                country   beer_servings  spirit_servings  wine_servings
    total_litres_of_pure_alcohol      continent
  3            Andorra     245            138              312
  12.4   Europe
  4             Angola     217            57               45
  5.9        Africa
  6          Argentina     193            25               221
  8.3  South America
  ⋮          ⋮            ⋮              ⋮                ⋮
  185          Uruguay     115            35               220
  6.6  South America
  188        Venezuela     333            100              3
  7.7  South America
  189          Vietnam     111            2                1
  2.0          Asia
[76 rows x 6 columns]
In [46]: df.describe()
Out[46]:
       beer_servings  spirit_servings  wine_servings  total_litres_of_pure_alcohol
count    193.000000     193.000000      193.000000     193.000000
mean     106.160622     80.994819       49.450777      4.717098
std      101.143103     88.284312       79.697598      3.773298
min      0.000000       0.000000        0.000000       0.000000
25%      20.000000      4.000000        1.000000       1.300000
50%      76.000000      56.000000       8.000000       4.200000
75%      188.000000     128.000000      59.000000      7.200000
max      376.000000     438.000000      370.000000     14.400000
In [47]: df.groupby('continent').mean()
Out[47]:
       beer_servings  spirit_servings  wine_servings  total_litres_of_pure_alcohol
continent
Africa    61.471698      16.339623       16.264151      3.007547
Asia      37.045455      60.840909       9.068182       2.170455
```

```
Europe          193.777778 132.555556      142.222222     8.617778
North America   145.434783 165.739130      24.521739      5.995652
Oceania         89.687500  58.437500       35.625000      3.381250
South America   175.083333 114.750000      62.416667      6.308333
```

习　题

问答题

1. 如何创建一个 3×3 的二维数组，值域为 0～8？

2. 如何从数组 np.array([1,2,0,0,4,0])中找出非 0 元素的位置索引？

3. 如何从数组 np.array([0,1,2,3,4,5,6,7,8,9])中提取所有的奇数？

4. 如何将数组 np.array([0,1,2,3,4,5,6,7,8,9])中的所有奇数替换为－1？

5. 如何将一维数组 np.arange(10)转换为两行二维数组？

6. 如何将数组 a＝np.arange(10).reshape(2,－1) 和数组 b＝np.repeat(1,10).reshape(2,－1)水平堆叠？

7. 如何获取数组 a＝np.array([1,2,3,2,3,4,3,4,5,6])和数组 b＝np.array([7,2,10,2,7,4,9,4,9,8])元素相匹配的位置？

8. 如何从数组 a＝np.array([1,2,3,2,3,4,3,4,5,6])中删除在数组 b＝np.array([7,2,10,2,7,4,9,4,9,8])中存在的所有元素？

第9章 数据可视化

【学习目标】

通过本章的学习，应达到如下学习目标：

1. 可以熟练使用 matplotlib 模块并与 Pandas、Numpy 等模块相结合，绘制折线图、柱状图、散点图、饼图、热力图、雷达图、多子图布局等常见图表。

2. 能够熟练地为图表设置相关属性。

【单元导学】

第 9 章思维导图如图 9-1 所示。

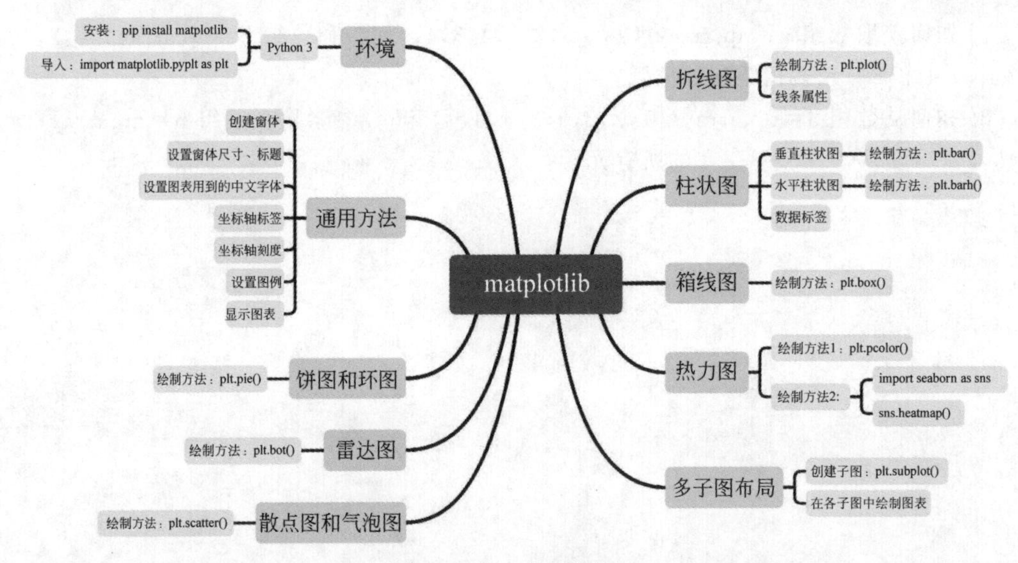

图 9-1 第 9 章思维导图

本章重点内容主要包括以下部分。

(1) 绘制图表所需的数据：因各类型图表对数据格式的要求有所不同，因此需要根据图表的特点准备数据。

(2) 图表绘制函数。

(3) 图表属性设置。

本章难点内容包括以下部分。

(1) 图表绘制函数中的各项参数。

(2) 雷达图。

(3) 箱线图。

(4) 多子图布局。

【知识回顾】

1. 使用 Pandas 读取 Excel 文件中的数据。
2. 使用 Numpy 数组。

【学前准备】

为了更好地学习本章内容，请完成以下学前准备任务：

1. 查阅 matplotlib 的安装及使用的相关资料。
2. 查阅有关各类图表的通用方法，包括创建图表窗体、设置图表窗体的尺寸及标题、设置中文字体等。
3. 查阅不同类型图表的属性设置的相关资料。

实验 9-1　matplotlib 的安装和导入

【实验目的】

1. 熟练掌握 matplotlib 的安装。
2. 熟练掌握 matplotlib 所属的组件导入。

【实验内容】

1. 安装 matplotlib。
2. 测试 matplotlib 安装是否成功。
3. 绘制一个简单的折线图。

【实验步骤】

1. 打开“命令提示符”窗口。
2. 在窗口中执行命令：

```
pip install matplotlib
```

该命令默认从官方网站下载 matplotlib 包，下载速度较慢，用时较长。在上述命令后输入参数：-i https://pypi.tuna.tsinghua.edu.cn/simple，引用清华大学的 pip 镜像源，下载速度较快。

修改后的命令如下：

```
pip install matplotlib -i https://pypi.tuna.tsinghua.edu.cn/simple
```

3. 安装完毕之后，打开 Python IDLE，输入并执行语句：import matplotlib。如果未出现错误提示信息，则表明 matplotlib 已经安装成功；如果出现错误提示信息，则需要查找错误原因。

4. 用以下代码测试 matplotlib 包是否生效：

```
import matplotlib.pyplot as plt                #导入 matplotlib 库中的 pyplot 组件
```

```
import numpy as as np
x_data=['1','2','3','4','5','6','7']          #横坐标
y_data=np.random.rand(7)                      #随机产生 7 个 0~1 的小数
plt.plot(x_data,y_data)
plt.show()
```

运行结果如图 9-2 所示。

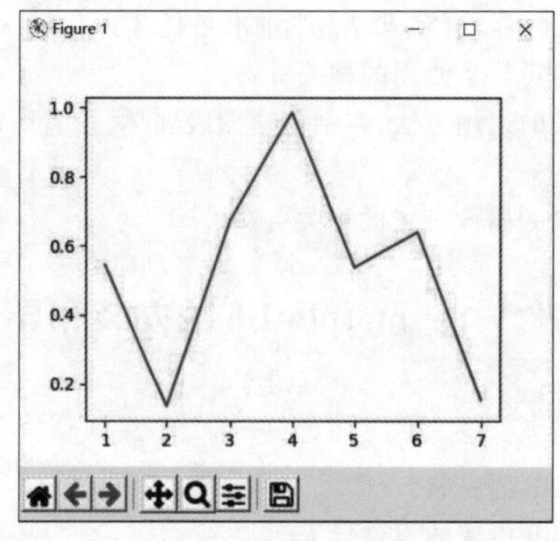

图 9-2　简单折线图

实验 9-2　图表的创建及图表格式的设置

【实验目的】

1. 熟练掌握 matplotlib 所属组件的使用。
2. 熟练掌握图表的属性设置。
3. 熟练使用 numpy 包、random()函数及列表。

【实验内容】

1. 制作一个简单的折线图，图表标题为"本年度月销量统计表"。
2. 为图表窗体设置标题及尺寸。
3. 设置中文字体。
4. 利用 random()函数产生一个随机整数列表。
5. 为图表设置图表标题、坐标轴标签、图例、线条格式、网格线、边框线等属性。
6. 为图表设置横坐标、纵坐标、刻度范围。

【实验步骤】

1. 导入所需包：

```
import numpy as as np
import matplotlib.pyplot as plt
```

```
import random                                   #导入 random 包,用来产生随机数
```

2. 创建图表窗体,设置窗体标题及尺寸:

```
fig=plt.figure(figsize=(6, 3))                  #创建一个窗体,并设置其尺寸
fig.canvas.set_window_title("9-2 图表创建及图表格式设置")        #设置窗体标题
```

3. 设置中文字体为宋体:

```
plt. rcParams['font.sans-serif']=['Simsun']
```

4. 准备数据横坐标数据:

```
x_data=np.linspace(1,12,12,endpoint=true)    #产生 1~12 构成的整数数列,代表月份
```

5. 准备纵坐标数据,利用随机函数 random()及列表产生一组数据:

```
y_data=[]                                       #定义一个列表,表示纵坐标数据
for i in range(12):
a=random.randint(10,100)                        #随机产生 10~100 的整数
y_data.append(a)
```

6. 利用准备好的纵坐标和横坐标数据绘制图表,并设置线条样式:

```
plt.plot(x_data,y_data,linewidth=3.0,color="red",marker='D',linestyle="-")
#函数中的参数依次为横坐标数据、纵坐标数据、线条宽度、线条颜色、数据点标记类型、线条类型
```

7. 设置图表标题:

```
plt.title("本年度月销量统计表",fontsize=20)    #fontsize 为字号大小
```

8. 设置图表的坐标轴标签,添加网格线:

```
plt.xlabel("月份",fontsize=15)                  #横坐标标签
plt.ylabel("销量",fontsize=15)                  #纵坐标标签
plt.grid()
```

9. 设置图表的横坐标轴刻度及其属性:

```
label=['一','二','三','四','五','六','七','八','九','十','十一','十二']
#坐标轴刻度标签
plt.xticks(x_data,label,color="blue",rotation=30)
#第二个参数为坐标轴刻度标签,第三个参数为坐标轴刻度标签颜色,第四个参数为坐标轴刻度标签
#旋转角度
```

10. 设置图例:

```
plt.legend(labels=["销量"],loc="best")          #label 为图例的标签,loc 为图例的位置
```

11. 显示图表:

```
plt.show()
```

用 matplotlib 绘制的折线图如图 9-3 所示。

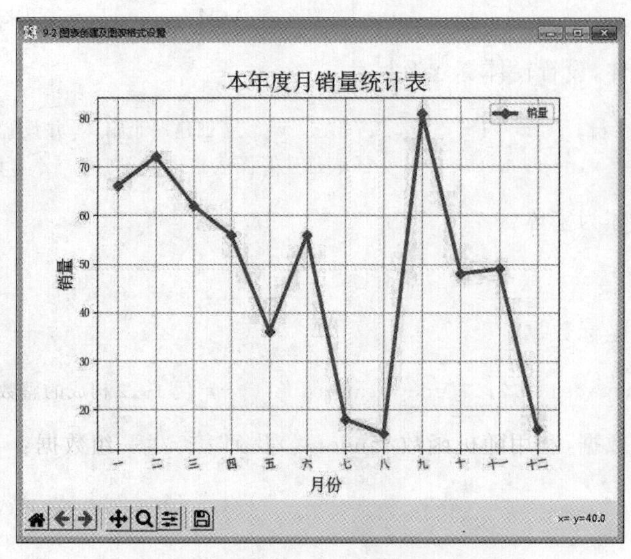

图 9-3　用 matplotlib 绘制的折线图

实验 9-3　绘制复合折线图

【实验目的】

1. 熟练掌握折线图的绘制过程。
2. 熟练掌握利用 Pandas 读取 Excel 文件中的数据。
3. 熟练掌握利用 matplotlib 绘制复合折线图。

【实验内容】

1. 利用 Pandas 读取 Excel 文件中的数据。
2. 利用读取的数据制作复合折线图。
3. 为复合折线图中的每一条折线设置相关属性，参考【实验 9-2】中的要求。
4. 为复合折线图设置图例。

【实验步骤】

1. 导入所需包：

```
import matplotlib.pyplot as plt
import pandas as pd
```

2. 设置字体：参考【实验 9-2】。
3. 创建图表窗体，并设置窗体的标题及尺寸：

```
fig=plt.figure(figsize=(6, 3))                          #创建一个窗体，并设置其尺寸
fig.canvas.set_window_title("9-3 绘制复合折线图")         #设置窗体的标题
```

4. 通过 Pandas 读取 Excel 文件中的数据：

```
df=pd.read_excel("销量.xlsx")
x_data=df["月份"]         #提取 sheet1 中的月份列的数据,作为折线图的横坐标数据
y_data1=df["上年度"]      #提取 sheet1 中上年度列的数据,作为第一条折线的纵坐标数据
y_data2=df["本年度"]      #提取 sheet1 中本年度列的数据,作为第二条折线的纵坐标数据
```

5. 利用上述数据创建复合折线图,并设置每条折线的线条样式：

```
plt.plot(x_data,y_data1,linewidth=1.0,color="r",marker='o',linestyle="-")
plt.plot(x_data,y_data2,linewidth=1.0,color="b",marker='v',linestyle="-.")
```

6. 将图表标题设置为“某商品连续两年度月销售量对比图”：

```
plt.title("某商品连续两年度月销售量对比图",fontsize=20)
```

7. 设置图表的横坐标及纵坐标标签：参考【实验 9-2】。
8. 设置图例：

```
plt.legend(labels=["上年度","本年度"],loc="best")
```

9. 显示图表：

```
plt.show()
```

用 matplotlib 绘制的复合折线图如图 9-4 所示。

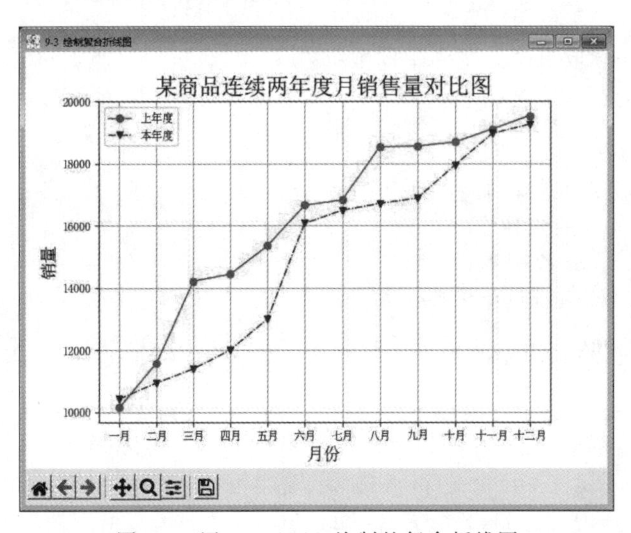

图 9-4　用 matplotlib 绘制的复合折线图

实验 9-4　绘制并列分组垂直柱状图

【实验目的】

1. 熟练掌握简单垂直柱状图的绘制。
2. 熟练掌握简单水平柱状图的绘制。

3. 熟练掌握并列分组垂直柱状图的绘制。
4. 熟练掌握上述几种柱状图的属性设置及数据标签的添加。

【实验内容】

1. 利用 Pandas 读取 Excel 文件中的数据。
2. 利用上述数据制作并列分组垂直柱状图。
3. 为并列分组垂直柱状图设置相关属性。
4. 为并列分组垂直柱状图数据标签的添加。

【实验步骤】

1. 导入所需数据包：

```
import matplotlib.pyplot as plt
import pandas as pd
import numpy as as np
```

2. 设置字体：参考【实验 9-2】。
3. 创建图表窗体，并设置窗体标题及尺寸：

```
fig=plt.figure(figsize=(6, 3))          #创建一个窗体,并设置其尺寸
fig.canvas.set_window_title("9-4 绘制并列分组垂直柱状图")          #设置窗体的标题
```

4. 利用 Pandas 读取 Excel 文件中的数据：

```
df=pd.read_excel("计算机专业.xlsx")
x_data=df["年份"]
#定义两个列表,分别作为 x 轴、y 轴数据
y_data=df["Java 程序设计"]
y_data2=df["Python 程序设计"]
y_data3=df["C 语言程序设计"]
```

5. 利用上述数据绘制简单的水平柱状图：

```
plt.bar(np.arange(len(x_data)),y_data,label='Java 程序设计',color='steelblue',
alpha=0.8,width=bar_width)
plt.bar(np.arange(len(x_data))+bar_width,y_data2,label='Python 程序设计',
color='indianred',alpha=0.8,width=bar_width)
plt.bar(np.arange(len(x_data))+2*bar_width,y_data3,label='C 语言程序设计',
color='c',alpha=0.8,width=bar_width)
```

6. 为图表添加数据标签：

```
for x,y in enumerate(y_data):
    plt.text(x,y,'%s'%y,ha='center',va='bottom')
    #x、y 控制输出的位置,第三个参数控制输出的内容,va 为垂直对齐方式,ha 为水平对齐方式
    #由于 x 轴为字符串,所有 x 表示索引值,0 为第一个条柱所在的位置
for x,y in enumerate(y_data2):
```

```
    plt.text(x+bar_width,y+1,'%s'%y,ha='center',va='bottom')
    #在原有索引的基础上加上一个条柱的宽度,显示第二个条柱的数据标签
for x,y in enumerate(y_data3):
    plt.text(x+2*bar_width,y+1,'%s'%y,ha='center',va='bottom')
    #在原有索引的基础上加上两个条柱的宽度,显示第三个条柱的数据标签
```

7. 将图表标题设置为"计算机教材 2017—2020 年销售统计图":参考【实验 9-2】。
8. 设置横坐标轴及纵坐标轴的标签:

```
plt.xlabel('年份',fontsize=15)
plt.ylabel('销量(万本)',fontsize=15)
```

9. 设置横坐标刻度标签:

```
plt.xticks(np.arange(len(x_data))+bar_width,labels=x_data)
#x_data 对应的索引值加上条柱宽度生成横坐标刻度,然后将刻度标签显示在对应的刻度上,
#x_data 对应的是年份
```

10. 显示图表:

```
plt.show()
```

绘制完成的并列分组垂直柱状图如图 9-5 所示。

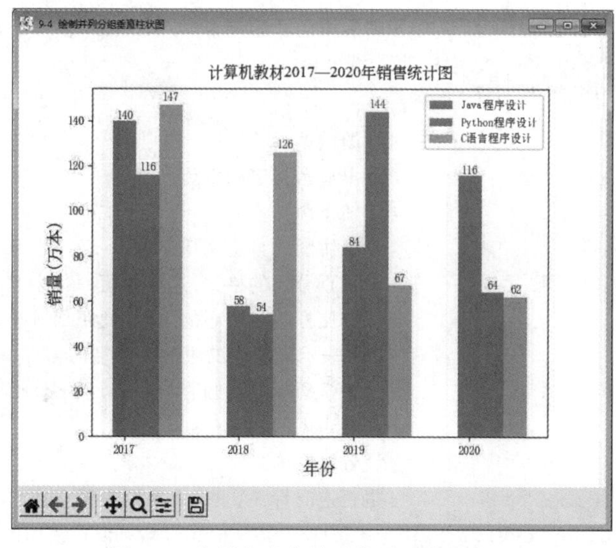

图 9-5 绘制完成的并列分组垂直柱状图

实验 9-5 绘制饼图

【实验目的】

1. 熟练掌握饼图的绘制。
2. 熟练掌握饼图属性的设置。

【实验内容】

1. 利用 Pandas 读取 Excel 文件中的数据。
2. 利用上述数据制作饼图。
3. 为饼图设置相关属性。

【实验步骤】

1. 导入所需包：参考【实验 9-4】。
2. 设置字体：参考【实验 9-2】。
3. 创建图表窗体，并设置窗体的标题及尺寸。

```
fig=plt.figure(figsize=(6, 6))                    #创建一个窗体,并设置其尺寸
fig.canvas.set_window_title("9-5绘制饼图")         #设置窗体的标题
```

4. 利用 Pandas 读取 Excel 文件的数据：

```
df=pd.read_excel("单位职工学历结构情况表.xlsx")
#该表中共有"学历"及"数量"两列数据
edu=df["学历"]
num=df["数量"]
explode=[0,0.1,0.1,0,0]           #列表中的非零元素,表示饼图中的某个部分突出显示
```

5. 利用上述数据绘制饼图：

```
plt.pie(x=num,                      #绘图数据
explode=explode,                    #突出显示指定的学历人群
labels=edu,                         #添加学历标签
#colors=colors,                     #设置饼图的自定义填充色
autopct='%.1f%%',                   #设置百分比的格式,这里保留一位小数
pctdistance=0.6,                    #百分比标签与圆心的距离,此距离按半径的百分比计算,
                                    #0.6表示离圆心的距离为半径的60%
labeldistance=1.15,                 #设置学历标签与圆心的距离,同pctdistance
startangle=180,                     #设置饼图的初始角度
radius=4,                           #设置饼图的半径
counterclock=False,                 #是否逆时针,这里设置为顺时针方向
wedgeprops={'linewidth':1.5,'edgecolor':'red'},      #设置饼图内外边界的属性值
textprops={'fontsize':12,'color':'k'},               #设置文本标签的属性值
center=(5,5),                       #设置饼图的原点
frame=1)                            #是否显示饼图的图框,这里设置为显示
```

6. 将图表标题设置为“单位职工学历结构分布图”：

```
plt.title("单位职工学历结构分布图")
```

7. 设置坐标轴刻度的范围：

```
plt.xlim(0,10)                      #此刻度的最大值需要超过圆心、labeldistance、explode
                                    #元素的3个最大值之和
```

```
plt.ylim(0,10)
```

8. 取消显示坐标轴:

```
plt.xticks(())
plt.yticks(())
```

9. 设置图例:

```
plt.legend(loc="upper right")        #将图例项显示在窗口的右上角
```

10. 显示图表:

```
plt.show()
```

绘制完成的饼图如图 9-6 所示。

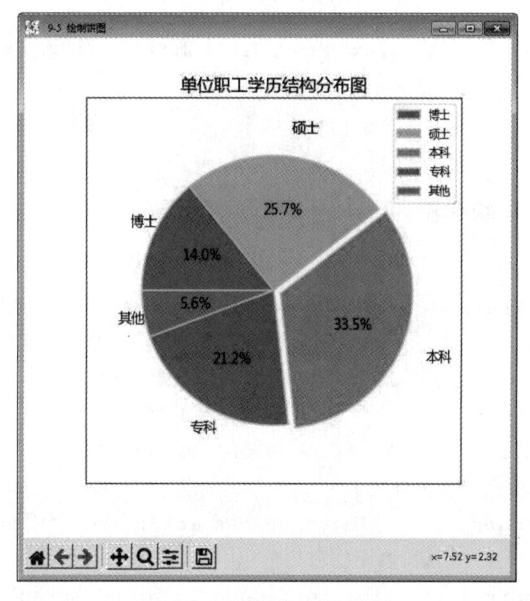

图 9-6　绘制完成的饼图

实验 9-6　绘制箱线图

【实验目的】

1. 熟练掌握箱线图的绘制。
2. 熟练掌握箱线图的属性设置。
3. 熟练掌握箱线图中的上界、上四分位数、中位数、下四分位数及下界的计算。
4. 熟练掌握箱线图中的异常值的分析方法。

【实验内容】

1. 利用 Pandas 读取 Excel 文件中的数据。

2. 计算数据中的上界、上四分位数、中位数、下四分位数及下界。

3. 利用上述数据制作箱线图。

4. 为箱线图设置相关属性。

【实验步骤】

1. 导入所需包：参考【实验 9-4】。

2. 设置字体：参考【实验 9-2】。

3. 创建图表窗体，并设置窗体的标题及尺寸：

```
fig=plt.figure(figsize=(6, 6))                   #创建一个窗体,并设置其尺寸
fig.canvas.set_window_title("9-6绘制箱线图")       #设置窗体的标题
```

4. 利用 Pandas 读取 Excel 表格中的数据：

```
df=pd.read_excel("学习成绩.xlsx")  #该表中共有"数学"及"语文"两列数据
math=df["数学"]
yuwen=df["语文"]
score=[math,yuwen]
```

5. 利用上述数据制作箱线图：

```
plt.boxplot(score,                       #指定绘图数据
    patch_artist=True,                   #要求用自定义颜色填充箱线图,默认为白色填充
    vert=True,                           #默认为长方形,还可以是其他图形,如 notch=True
    showmeans=True,                      #以点的形式显示均值
    labels=["数学","语文"],               #横坐标轴的刻度标签
    boxprops={'color':'black','facecolor':'#9999ff'},
    #设置箱体属性、填充色和边框色
    flierprops={'marker':'s','markerfacecolor':'red','color':'black'},
    #设置异常值属性,点的形状、填充色和边框色
    meanprops={'marker':'D','markerfacecolor':'indianred'},
    #设置均值点的属性,点的形状、填充色
    medianprops={'linestyle':'--','color':'black'})
```

6. 求出数据的上界、上四分位数、中位数、下四分位数及下界：

```
a=np.array(math)                         #将 math 转换为数组 a
b=np.percentile(a, [25, 50, 75])         #计算数组 a 的下四分位数、中位数及上四分位数
print("数学成绩箱线图相关参数: ")
print("上四分位数值为: ",b[2])
print("中位数值为: ",b[1])
print("下四分位数值为: ",b[0])
upper_limit=b[2]+1.5*(b[2]-b[0])  #箱线图上界,上四分位数加上 1.5 倍的四分位差
lower_limit=b[0]-1.5*(b[2]-b[0])  #箱线图下界,下四分位数减去 1.5 倍的四分位差
print("箱线图上界为: ",upper_limit)
print("箱线图下界为: ",lower_limit)
a=np.array(yuwen)                        #将 yuwen 转换为数组 a
```

```
b=np.percentile(a, [25, 50, 75])     #计算数组 a 的下四分位数、中位数及上四分位数
print("语文成绩箱线图相关参数：")
print("上四分位数值为：",b[2])
print("中位数值为：",b[1])
print("下四分位数值为：",b[0])
upper_limit=b[2]+1.5*(b[2]-b[0])  #箱线图上界,上四分位数加上 1.5 倍的四分位差
lower_limit=b[0]-1.5*(b[2]-b[0])  #箱线图下界,下四分位数减去 1.5 倍的四分位差
print("箱线图上界为：",upper_limit)
print("箱线图下界为：",lower_limit)
#大于箱线图上界的数值或低于箱线图下界的数值均为异常值
```

7. 将图表标题设置为“学生成绩分布情况”：参考【实验 9-2】
8. 设置纵坐标轴刻度的范围：

```
plt.ylim(0,140)                       #根据数据中的最大值与最小值确定其刻度范围
```

9. 显示图表：

```
plt.show()
```

绘制完成的箱线图如图 9-7 所示。

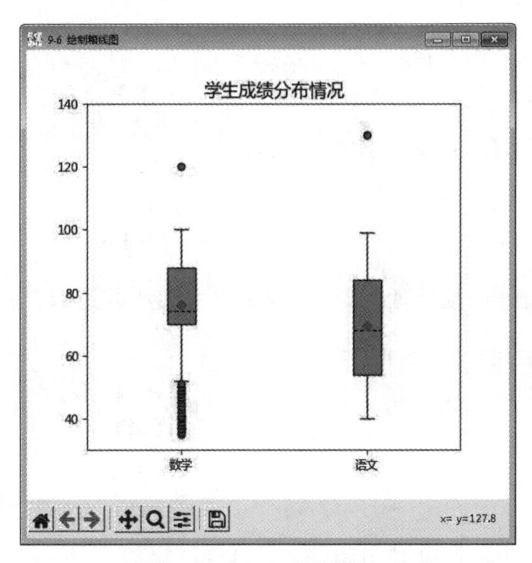

图 9-7　绘制完成的箱线图

实验 9-7　绘制热力图

【实验目的】

1. 熟练掌握热力图的绘制。
2. 熟练掌握热力图的属性设置。
3. 熟练掌握绘制热力图的另外两个函数：matplotlib 中的 pcolor()及 seaborn 中的

heatmap()函数。

【实验内容】

1. 利用 Numpy 读取 Excel 文件中的数据。
2. 利用上述数据制作热力图。
3. 使用 matplotlib 中的 pcolor()函数制作热力图。
4. 使用 seaborn 中的 heatmap()函数制作热力图。
5. 为热力图设置相关属性。

【实验步骤】

利用 seaborn 中的 heatmap()函数制作热力图的步骤如下。

1. 导入所需包：

```
#前三行代码参考【实验 9-4】
import seaborn as sns          #seaborn 是基于 matplotlib 的图形可视化 Python 包
```

2. 设置字体：参考【实验 9-2】

3. 创建图表窗体，并设置窗体的标题及尺寸：

```
fig=plt.figure(figsize=(6, 6))
fig.canvas.set_window_title("9-7 利用 heatmap()绘制热力图")
```

4. 利用 Pandas 读取 Excel 表格中的数据：

```
df=pd.read_excel("北京市 2020 年 7 月气温表.xlsx")
#该表中共有 date、high、weekday 及 week_of_month 4 列数据
```

5. 对读取后的数据进行预处理，以符合绘制热力图所需的数据格式：

```
#pivot_label()函数用来制作数据透视表
data=pd.pivot_table(data=df.iloc[:,1:],          #读取所有数据
values='high',                                   #读取 high 列的值
index='week_of_month',                           #week_of_month 作为行索引
columns='weekday')                               #weekday 作为列索引
```

6. 利用预处理后的数据绘制热力图：

```
ax=sns.heatmap (data, #指定绘图数据
            cmap=plt.cm.Reds, #指定填充色,在此使用红色系
            linewidths=.1, #设置每个单元方块的间隔
            annot=True #显示每个方块代表的数值
            )
```

7. 将图表标题设置为“北京市 2020 年 7 月最高气温分布图”：

```
ax.set_title('北京市 2020 年 7 月最高气温分布图',fontsize=15)
```

8. 设置横坐标轴及纵坐标轴的标签：

```
ax.set_xlabel('星期',fontsize=15)
ax.set_ylabel('周次',fontsize=15)
```

9. 设置横坐标与纵坐标的刻度标签:

```
plt.xticks(np.arange(7)+0.5,['周一','周二','周三','周四','周五','周六','周日'])
#添加 x 轴的刻度标签
ax.xaxis.tick_top()          #刻度标签置于顶部显示
plt.yticks(np.arange(5)+0.5,['第一周','第二周','第三周','第四周','第五周'])
#添加 y 轴的刻度标签
#旋转 y 轴刻度 0°,即水平显示
plt.yticks(rotation=0)
```

10. 显示图表:

利用 heatmap()函数绘制的热力图如图 9-8 所示。

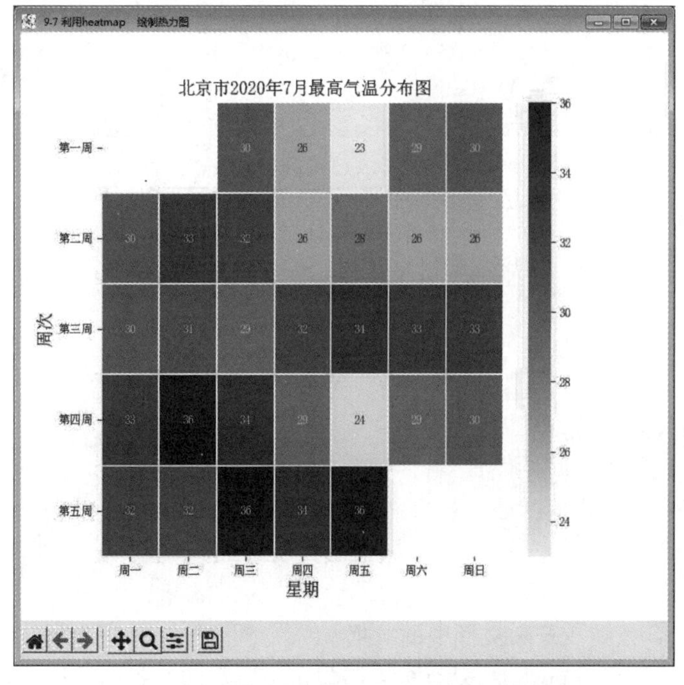

图 9-8 利用 heatmap()函数绘制的热力图

利用 pcolor()函数绘制热力图的步骤 1~5 与上述步骤 1~5 相同。

利用 pcolor()函数绘制热力图。

```
fig=plt.pcolor (data,                    #指定绘图数据
                cmap=plt.cm.Reds,        #指定填充色
                edgecolors='white'       #指定单元格之间的边框色)
plt.colorbar()                           #显示色阶的颜色栏
```

步骤 7~8 将上述步骤 7~8 中的 ax.set 改为 plt 即可。

步骤 9~10 与上述步骤中的 9~10 相同。

利用 pcolor()函数绘制的热力图如图 9-9 所示。

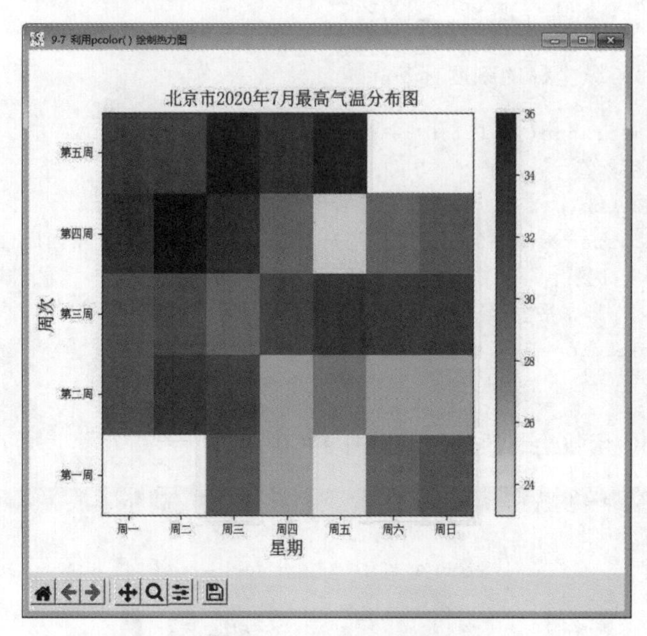

图 9-9 利用 pcolor()函数绘制的热力图

实验 9-8 绘制雷达图

【实验目的】

1. 熟练掌握雷达图的绘制方法。
2. 熟练掌握雷达图的属性设置。
3. 熟练掌握雷达图数据的处理。

【实验内容】

1. 利用 Pandas 读取 Excel 文件中的数据。
2. 对读取后的数据进行处理,以符合绘制雷达图所需的数据格式。
3. 利用处理后的数据绘制雷达图。
4. 为雷达图设置相关属性。

【实验步骤】

1. 导入所需包：参考【实验 9-4】。
2. 设置字体：参考【实验 9-2】。
3. 创建图表窗体,并设置窗体的标题及尺寸：

```
fig=plt.figure(figsize=(6, 6))
fig.canvas.set_window_title("9-8 绘制雷达图")
```

4. 利用 Pandas 读取 Excel 表格中的数据：

```
data=pd.read_excel("成绩表.xlsx",usecols=[1,2,3,4,5,6])        #读取第 1~6 列数据
score=data.values[0:2,1:6]     #提取前两行数据形成一个数据数组,第 2~6 列的数据,
                               #第 0 行是列标题,1~2 行是所需数据
name=data.values[0:2,0]        #提取前两行第 1 列的数据,即姓名,形成一个姓名数组,对读
                               #取后的数据进行处理,以符合绘制雷达图所需的数据格式
score_a=np.concatenate((score[0], [score[0][0]]))
#将 score 数组第一行与第一行的首个元素形成一个新的数组,绘制雷达图中的第一条折线
score_b=np.concatenate((score[1], [score[1][0]]))
#将 score 数组第二行与第二行的首个元素形成一个新的数组,绘制雷达图中的第二条折线
```

5. 准备制作雷达图的其他数据：

```
angles=np.linspace(0, 2*np.pi, data_length, endpoint=False)
labels=data.columns            #读取数据表的列标题
labels=labels[1:6]             #提取第 3~7 列的列标题
angles=np.concatenate((angles, [angles[0]]))
labels=np.concatenate((labels, [labels[0]]))
```

6. 绘制雷达图的极坐标：

```
ax=plt.subplot(111, polar=True)
```

7. 绘制雷达图的折线：

```
ax.plot(angles, score_a, color='red')
#利用 score 数组的第一行数据制作第一条折线,线条颜色为红色
ax.plot(angles, score_b, color='blue')
#利用 score 数组的第二行数据制作第二条折线,线条颜色为蓝色
```

8. 设置雷达图的相关属性：

```
ax.set_thetagrids(angles*180/np.pi, labels)
#用 labels 数组中的每一个元素作为雷达图中每一项的标签
ax.set_theta_zero_location('N')      #设置雷达图 0°的起始位置
ax.set_rlim(0, 100)                  #设置雷达图的坐标刻度范围
ax.set_rlabel_position(270)
#设置雷达图的坐标值显示角度相对于起始角度的偏移量
```

9. 设置雷达图的图表标题：

```
ax.set_title("两名同学成绩比较图")
```

10. 设置雷达图的图例：

```
plt.legend(name, loc='best')
```

11. 显示图表：

绘制完成的雷达图如图 9-10 所示。

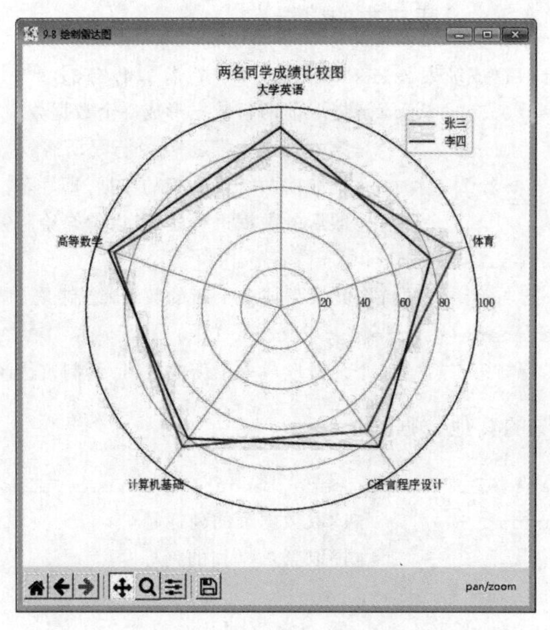

图 9-10　绘制完成的雷达图

实验 9-9　多子图布局

【实验目的】

1. 熟练掌握多子图布局。
2. 熟练掌握以上几个实验中的图表绘制过程。

【实验内容】

1. 绘制一个 2 行 2 列的多子图图表。
2. 在第一行第一列中绘制复合折线图。
3. 在第一行第二列中绘制简单垂直柱状图。
4. 在第二行第一列中绘制饼图。
5. 在第二行第二列中绘制热力图。

【实验步骤】

1. 导入所需包：参考【实验 9-4】。
2. 准备数据：
(1) 复合折线图数据。

```
first_df=pd.read_excel("销量.xlsx") #复合折线图数据
x_data=first_df.values[:,0]         #提取年份作为横坐标数据,其也可以作为横坐标轴标签
y_data1=first_df.values[:,1]        #提取表中的第二列数据,绘制第一条折线
y_data2=first_df.values[:,2]        #提取表中的第三列数据,绘制第二条折线
```

```
label=first_df.columns                    #提取表的列标题
tuli_label=label[1:3]                     #提取第二列、第三列的列标题作为图例标签
```

(2) 简单垂直柱状图数据。

使用复合折线图数据中的 x_data 与 y_data1/100 作为第二个子图的数据。

(3) 饼图数据。

```
third_df=pd.read_excel("单位职工学历结构情况表.xlsx")  #饼图数据
edu=third_df.values[:,0]                              #提取第一列数据
num=third_df.values[:,1]                              #提取第二列数据
```

(4) 热力图数据。

```
forth_df=np.random.rand(49).reshape(7,7)
#热力图数据,一个 7×7 的二维数组,每个元素是 0~1 的随机小数
```

3. 绘制第一个子图并设置相关属性：

```
plt.subplot(221)      #此函数参数中的第一个数字与第二个数字代表多子图布局的行数与
                      #列数,第三个数字代表当前子图的位置
plt.plot(x_data,y_data1,color='red',linewidth=1.0,linestyle='--')  #第一条折线
plt.plot(x_data,y_data2,color='blue',linewidth=1.0,linestyle='-.') #第二条折线
plt.legend(labels=tuli_label)
plt.xlabel("年份")
plt.ylabel("销量")
plt.xticks(x_data)
plt.title("计算机销售情况")
```

4. 绘制第二个子图并设置相关属性：

```
plt.subplot(222)
plt.bar(x_data,y_data1/1000,color='orange',width=0.3,label="销量")
plt.title("历年台式机的销量情况")
plt.title("计算机销售情况")
```

其他属性设置参考【实验 9-4】。

5. 绘制第三个子图并设置相关属性：

```
plt.subplot(223)
plt.pie(x=num,labels=edu,autopct='%.0f',explode=[0,0.05,0,0,0],startangle=
180)
```

其他属性设置参考【实验 9-5】。

6. 绘制第四个子图并设置相关属性：

```
plt.subplot(224)
ax=sns.heatmap(forth_df,                  #指定绘图数据
               cmap=plt.cm.Reds,          #指定填充色)
```

其他属性设置参考【实验 9-7】。

7. 显示图表：

```
plt.show()
```

绘制完成的多子图布局如图 9-11 所示。

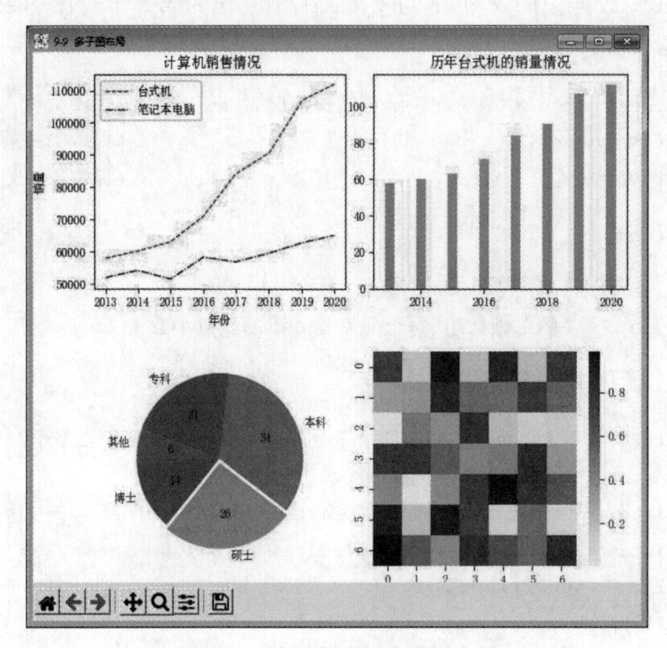

图 9-11　绘制完成的多子图布局

习　题

1. 试着绘制并列分组水平柱状图，并为图表添加数据标签。
2. 试着在一个图中绘制 3 个及 3 个以上的箱线图。
3. 试着绘制一个 3 行 2 列的多子图，并在每个子图中绘制不同类型的图表。

参考文献

[1] 董付国. Python 程序设计实验指导[M]. 北京：清华大学出版社，2019.

[2] 王辉，张中伟. Python 实验指导与习题集[M]. 北京：清华大学出版社，2020.

[3] 刘凡馨，夏帮贵. Python 3 基础教程实验指导与习题集[M].北京：人民邮电出版社，2020.

[4] 翟萍. Python 程序设计实验教程[M].北京：清华大学出版社，2020.

[5] Lubanovic B. Introducing Python [M]. 2nd ed.南京：东南大学出版社，2020.

[6] 李永华. Python 编程 300 例[M]. 北京：清华大学出版社，2020.

[7] Matthes E. Python 编程：从入门到实践[M]. 袁国忠，译. 北京：人民邮电出版社，2016.

[8] 明日科技. Python 从入门到精通[M]. 北京：清华大学出版社，2018.

[9] Chun W. Core Python Applications Programming[M]. 3rd ed.北京：人民邮电出版社，2016.